インプレスR&D [NextPublishing]

技術の泉 SERIES

E-Book / Print Book

Auth0で作る!認証付きシングルページアプリケーション

土屋 貴裕 著

認証プラットフォーム「Auth0」で
Vue.js&Nuxt.js、Rails APIに
認証機能を組み込んでみよう!

目次

はじめに

Webサービス/Webアプリケーションを作成する際のフロントエンド開発の選択肢として、Single Page Application（以降、SPA）を候補に挙げることが多くなってきました。これはReact、Vue、Angularのようなフロントエンドのライブラリー・フレームワークの後押しによって、SPAの開発が随分と楽になったおかげです。

多くのWebサービスやアプリは、ユーザー認証をどこかのタイミングで組み込む必要があります。しかし、多くのサービスではユーザー認証はサービスロジックではないので、そこまで労力をかけたくない部分でもあります。

クラウド認証プラットフォームの「Auth0（オースゼロ）」は、そのような開発者の悩みを解決してくれるIDaaS（Identity-as-a-Service）です。アプリケーションへの簡単な組み込みや、強力なカスタマイズ機能、多言語対応など、手間のかかる認証処理の実装を解決してくれます。

本書では認証の基礎技術から、OAuthやOpenID Connectの解説をふまえ、Auth0をSPAに組み込む方法を学ぶことができます。

認証技術は、セキュリティの観点から表に情報が公開されにくい分野です。全てのサービスの開発現場においてセキュリティのプロフェッショナルが存在し、認証を自前実装する知識・体力・期間があるのであれば、このようなサービスは不要なのかもしれませんが、決してそうではないのが現実です。

サービスの性質やフェーズによっては、非常に強力なツールとなるのがAuth0です。開発の際に選択肢のひとつとして考えてみてください。

この本で学べること

本書では次のようなことを学ぶことができます。

- 認証の基礎技術
- OAuth・OpenID Connect・JWTの仕組み
- Auth0の概要、組み込み方、使い方、カスタマイズ
- Nuxt.jsの簡単な使い方
- JWTの発行からAPIアクセスまで一連の流れの実装

これらにより、Auth0をSPAに組み込んで認証を行い、セキュアなAPIへのリクエストを体験できます。フロントエンドは、SPAを手早く作るためにVue.jsのフレームワークであるNuxt.jsを使い、サーバーサイドは、Rails API Modeを使ってシンプルに構築します。

きれいな実装よりも、短時間でひととおり動かして理解することを目的として進めていきますので、ハンズオンのように読み進めてください。

前提としているスキル

初心者向けの内容ですが、Ruby on RailsとVue.jsの軽めの知識を前提としています。

・Vue.jsを触ったことがある

・Rails Tutorialを終わらせた程度のサーバーサイドについての知識がある

免責事項

本書に記載された内容は、情報の提供のみを目的としています。したがって、本書を用いた開発、製作、運用は、必ずご自身の責任と判断によって行ってください。これらの情報による開発、製作、運用の結果について、著者はいかなる責任も負いません。

できる限り正確を期すよう執筆しましたが、その保証はありません。本書の内容に基づく行動に対して、著者、発行者は一切の責任を負いかねます。OSSをベースにした開発ですので、どのOSSが破壊的変更を伴ったバージョンアップを行うかは、読めません。そのため、いくつかのライブラリが本書で紹介したとおりに動作しなくなっているかもしれません。ご了承ください。

表記関係について

本書に記載されている会社名、製品名などは、一般に各社の登録商標または商標、商品名です。会社名、製品名については、本文中では©、®、™マークなどは表示していません。

リポジトリとサポートについて

本書に掲載されたコードと正誤表などの情報は、次のURLで公開しています。

https://github.com/impressrd/support-auth0spa

底本について

本書籍は、技術系同人誌即売会「技術書典4」で頒布されたものを底本としています

第1章　ウェブアプリケーションと認証

本書は主にトークンベースの認証（トークン認証）を扱う本ですが、この章ではトークン認証の詳しい解説に入る前に、いくつかのウェブアプリケーションのアーキテクチャーについて紹介し、伝統的なクッキーベースの認証（クッキー認証）とトークン認証との関連について解説します。

1.1　モノリシックなアプリケーション

近年ではマイクロサービスやサーバーレスアーキテクチャーが話題になっていますが、まずは伝統的で単純な構成のウェブアプリケーションを考えてみましょう。

要件にもよりますが、ウェブアプリケーションを開発する手段として、まずはフルスタックなフレームワークの利用を検討するのではないでしょうか。フルスタックなウェブフレームワークは、単体である程度の機能をもつアプリケーションを構築でき、そのエコシステムによって開発者の生産性を向上させます。この場合、単体でアプリケーションを構築するのでモノリシックなアプリケーションとも呼びます。言語別に有名なフレームワークでは、RubyならRuby on Rails。PHPならLaravel、CakePHP、CodeIgniterなど。PythonならDjangoでしょうか。

筆者もRailsのエコシステムにどっぷり浸かっている人間の一人です。フルスタックウェブフレームワークは、フロントエンド開発のサポート、ORMにはじまるデータベース連携、ジョブ管理などさまざまな機能が付属していますが、一度ひとつのフレームワークで開発を進めてしまうと、フレームワークが推奨する道から外れた開発をすることが難しいという特徴もあります。この「フレームワークが推奨する開発方針」のことは、Railsなら「Railsway」とも呼ばれていますね。

1.2　モノリシックなアプリケーションとクッキー認証

モノリシックなアプリケーションで「認証」というと、多くは古典的なクッキー認証を指します。場合によっては、セッションベースの認証・セッション認証・セッションクッキーなどとも呼ばれますが、本書ではこれらをクッキー認証と呼んで話を進めます。

Rails以降のAPIサーバーを意識したアプリケーションも増えていますが、古典的と呼ばれながらも、クッキー認証はいまだに現役で使われています。フレームワークによってはクッキー認証の仕組みが組み込まれているものもあれば、RailsのようにDeviseやSorceryと呼ばれる外部ライブラリで実現することもあります。

どちらにせよ、フレームワークを使用しているのに認証周りの仕組みを自作するケースは極めて少ないでしょう。場合によっては自分自身でセキュリティホールを作ってしまう可能性を考えると、先人によってバグが踏み抜かれ磨かれたソフトウェアを使うことは、開発者に一定の安心感をもたらします。

クッキー認証では、ユーザーのログイン状態をセッションとしてサーバー側で保管し、ブラウザのクッキーにセッションのIDを保存します。手順としては、1. ユーザーはログインのために、ブラウザからユーザーIDとパスワードを送信します。2. サーバーは送られてきたユーザーIDとパスワードを検証し、セッションに保存します。3. サーバーは保存したセッションIDをブラウザに返します。4. ブラウザはセッションIDをクッキーに保存します。5. 次回リクエスト以降から、セッションIDを含めてリクエストを行います。6. サーバーはリクエストに含まれたセッションID元にログイン状態のユーザーを特定します。ここで特定に失敗した場合は、ログインページにリダイレクトするなどして、再度ログインを促します。ユーザーがログアウトすると、クライアントとサーバーサイド両方のセッションが破棄されます。

クッキー認証では、システムがユーザーのログイン状態を保持するため、ステートフルな設計になります。クッキー認証はシンプルですが、サーバーを複数台設置する場合は、それぞれのサーバー間でクライアント状態の同期が必要になるため、スケールアウトが難しい認証方法でもあります。

図1.1: クッキー認証の流れ

Web Browser **Web Server**

(2)
ユーザーIDとパスワードを検証
セッション作成・保存

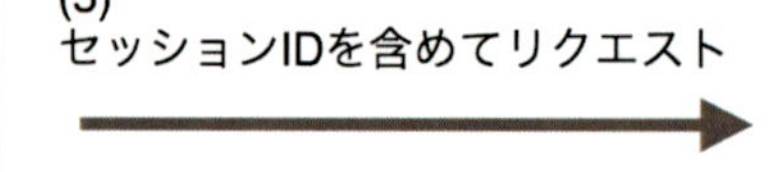

(4)
セッションIDを
Cookieに保存

Name	Value
SESSION	ABC...
...	...

(5)
セッションIDを含めてリクエスト

(6)
セッションIDを元に
ユーザーを特定

Session ID	User
ABC...	Yamada
XYZ...	Tanaka
...	...

1.3 モバイルアプリケーションとトークン認証

モバイルファーストと呼ばれるコンセプトのもと、ウェブアプリではなく、モバイルアプリから開発を進める事例が増えています。特にBtoCやCtoCのようなサービスではその流れは顕著です。オークションアプリの「メルカリ」も当初はモバイルアプリのみが提供され、その後ウェブ版が登場しましたし、ソーシャルゲームの場合はほぼウェブ版は存在せずモバイルアプリオンリーという状態です。

モバイルアプリでは、必然的にモバイルアプリとAPIサーバーの構成になります。バックエンドサーバーとしてAWS APIGateway+LambdaやGoogle Cloud Endpoints+Functionsのようなサーバーレス環境で実現する方法もありますが、フルスタックフレームワークでAPIサーバーを構築する事例も多く見られます。また、API Gatewayを経由して、LambdaとRailsなどのAPIサーバーをハイブリッドで使う方法もあります。

フルスタックフレームワークを使用する場合、Viewの機能群は使用しないので、API専用のモードで開発したり、より軽量なAPIに特化したフレームワークを使用します。Railsはバージョン5からAPI Modeが追加されました。本書も後半でRailsでバックエンドサーバーを構築しますが、ここでもAPI Modeを使用します。

図1.2: モバイルアプリとAPIサーバー

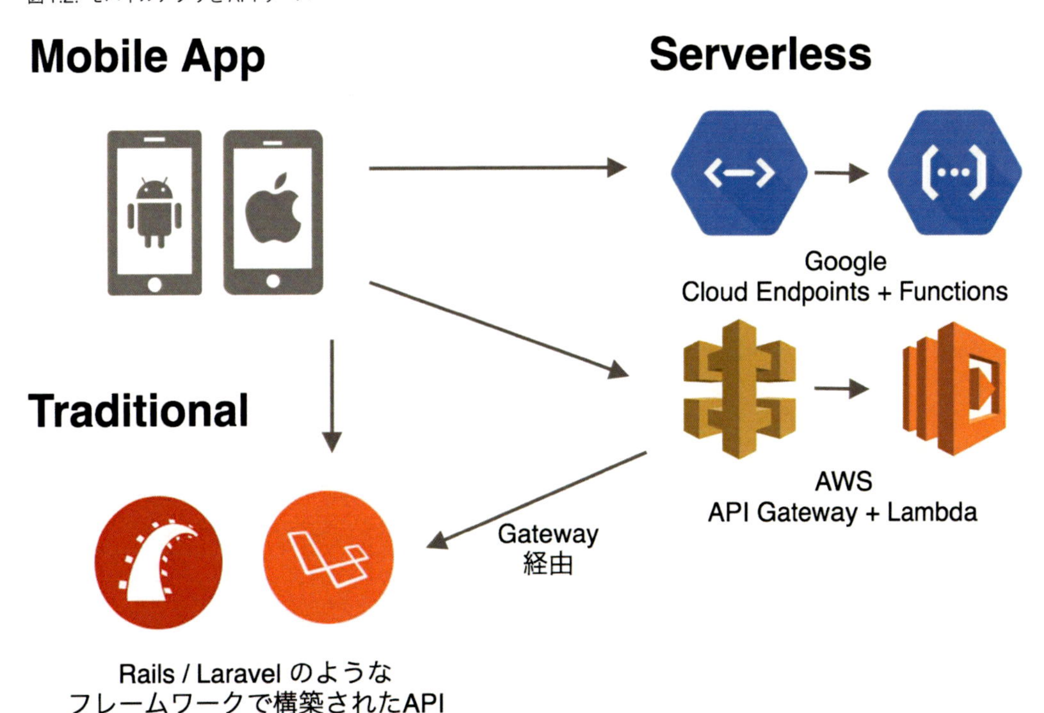

モバイルアプリの多くのアプリは認証をトークン認証で実現しています。クッキー認証が実現できないわけではありませんが、少数派です。

トークン認証の大まかな流れを追っていきましょう。1. クッキー認証同様に、アプリからユーザーID・パスワードをサーバーへ送信します。2. ユーザーIDとパスワードを検証して、トークンを作成します。トークンはデータベースにユーザー情報に関連付けた状態で保存したり、トークンそのものにユーザー情報を埋め込むこともできますが、どのような認証方法を採用するかで異なります。3. トークンをアプリへ返します。4. 取得したトークンをモバイルアプリ内に保存しておきます。5. トークンを含めてリクエストします。トークンはAuthorizationヘッダーに埋め込むのが一般的です。6. サーバー側でトークンを検証します。検証方法はさまざまで、トークン発行時にどのような方法を採用したかでその方法は異なります。

図1.3: トークン認証の流れ

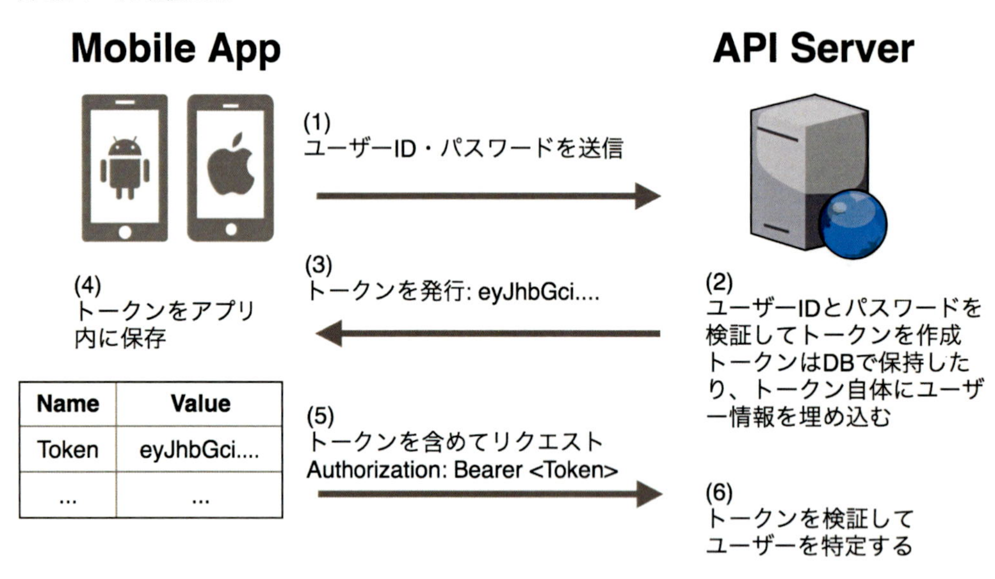

このような一般的な流れでは、クッキー認証と似ています。OAuth・OAuth2などのフレームワークや、OpenID Connectと呼ばれる仕様に則った場合は、より詳細にフローが定義されることになります。「トークンそのものにユーザー情報を埋め込む」と記述しましたが、これは本書で主に扱うJWTと呼ばれるトークンのことを指しています。OAuthやOpenID Connect、JWTに関しては、次章以降で詳しく説明します。

トークン認証の場合はクッキー認証と異なり、システム側で状態を持たないので、ステートレスと呼ばれます。この場合、クライアントサイドで有効なトークンを保持している場合がログイン状態となります。実際にログインしている状態をサーバーで保持しているわけではありませんが、ユーザー体験として考えると、ログインしているように見えることになります。クライアントサイドで保持しているトークンを削除するだけでログアウトが完了します。

トークン認証は、その検証を各サーバーや前段のゲートウェイで行うためスケールアウトしやすい構成ですが、トークンの検証にDBを使用する場合は、DBへのアクセスがボトルネックになってしまうため、適度なキャッシュが必要になるでしょう。

1.4　SPAと認証

ウェブアプリケーションのフロントエンドの選択肢として、SPAを選択する機会が増えました。

SPAで認証する場合も、クッキー認証とトークン認証の双方を選択できます。これは次のような見方の違いです。

- SPAを「フレームワークのViewの1ページ」として見る：クッキー認証
- SPAを「モバイルアプリの代替」として見る：トークン認証

1.4.1　SPAとセッション認証

この他、モノリシックなアプリケーションの枠組みの中でSPAを採用する場合の多くは、セッション認証を使います。この場合、SPAとは別に認証用のページを作成し、認証が終わった段階でSPAを表示します。

図1.4: SPAとセッション認証

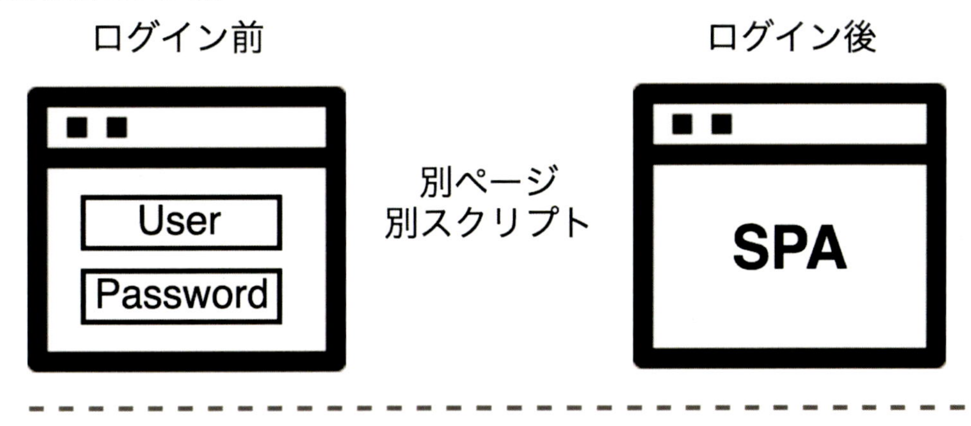

SPAで完結しておらず認証ページはフレームワーク頼りですが、セッションが確立されているので、複雑になりがちなSPAに認証のルーティングを組み込まなくてよいのは1つの利点です。フレームワークの枠組みから外れていないので、フロントエンドとバックエンドはある程

度結合した状態になります。

1.4.2　SPAとトークン認証

モバイルアプリのように、フロントエンドSPAとバックエンドを完全に分離させる場合はトークン認証を使います。枠組みはモバイルアプリと同じで、トークンをブラウザ側のローカルストレージやクッキーに保存して利用します。

図1.5: SPAとトークン認証

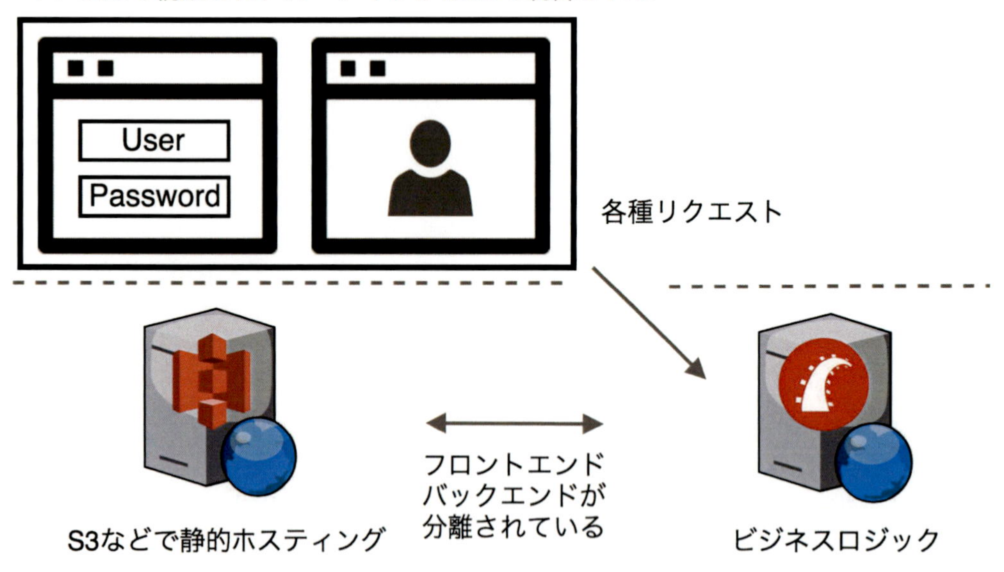

SPAはS3などの静的ホスティングを用いて表示し、認証を含めたロジックは別のAPIサーバーに置きます。認証に関するルーティングはSPAで考慮する必要があるので、セッション認証よりもSPAの実装は複雑になります。ただし、フロントエンドとバックエンドが疎結合になりますので、ウェブ版からのモバイルアプリ展開が行いやすくなりますし、スケールも容易です。

モバイルファーストで開発を進めた場合は、すでにAPI側にトークン認証の仕組みが存在するはずなので、ウェブ専用にセッション認証を用意するよりも、トークン認証を利用するほうがシステム全体の構成はすっきりします。

1.5　モダンなアプリケーションの構成とIdP

長々とアプリケーションのアーキテクチャーと認証について解説しましたが、モダンなアプリケーションの場合、アプリを含めたフロントエンドの選択肢として、Web（SPA）・Android・iOSの3種類のプラットフォームが存在し、バックエンドはモノリシックなフレームワークとサーバーレスの2種類が存在します。これらを相互に繋ぎ、拡張することを念頭におくのであればトークン認証は悪くない選択です。また、認証サービス自体も分離することによって、よりすっきりした構成になります。

図1.6: IdPを分離したアーキテクチャー

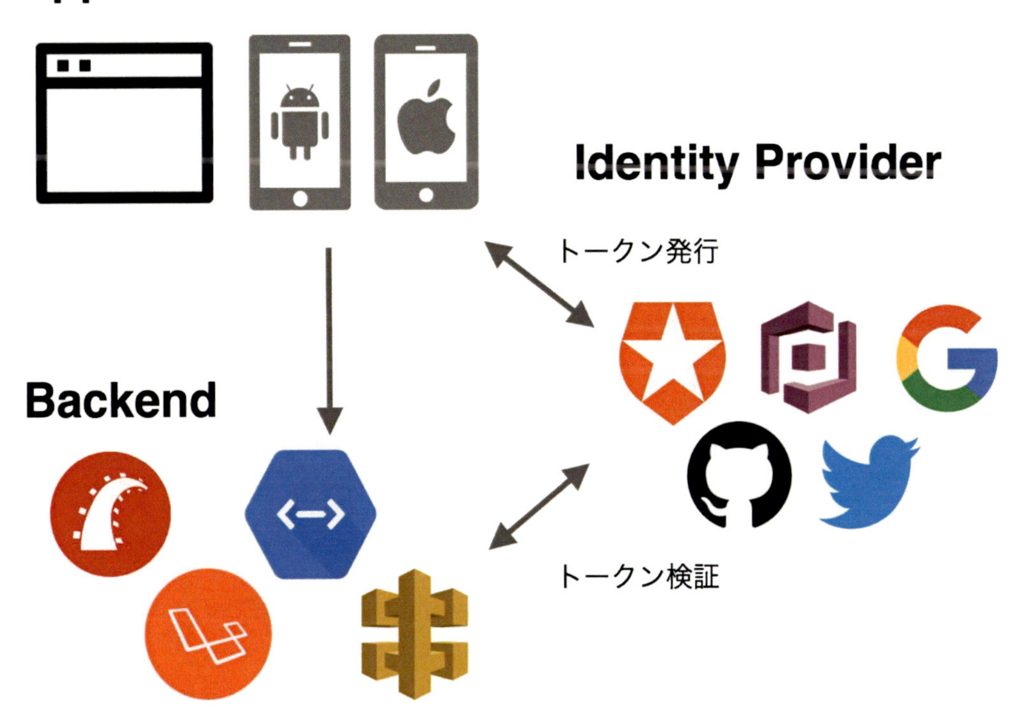

このように分離した認証サービスはIdP (Identity Provider) と呼ばれます。Google・Twitter・FacebookなどもIdPとして認証機能を提供しており、色々なサービスで「Googleでログイン」「Twitterでログイン」を使った方も多いのではないでしょうか。

大手SNS兼IdPのサービスを認証基盤として活用するのをリスクであると判断する場合は、認証サービスを自身で構築することになります。自身で構築する場合はAWS CognitoやAuth0などのサービスを使うとよいでしょう。もちろんRailsを使うことも可能です。

登場人物は多くなりましたが、認証の仕組みはひとつのパターンしかありません。各要素がどのように繋がるかの観点でみると、非常にすっきりしているのではないでしょうか。次章からは、主にトークン認証を扱って次のような構成でアプリの開発を行います。

・App: SPA（Vue.js + Nuxt.js）
・API: Rails API Mode
・Identity Provider: Auth0

本書ではこのような構成で話を進めますが、たとえばSPAをモバイルに置き換えたり、API

をAWSのAPI Gatewayに置き換えたりと、さまざまな形に応用できます。「私はRailsとVueの人じゃないから……」という人も、ぜひ読み進めてみてください。

この章は「認証機能を分離してスケーラブルなアプリ開発をしましょう」ということを解説しました。次章では、開発に入る前に、トークン認証を扱う上で避けて通れないOAuth2やOpenID Connectを解説します。

第2章　トークンベース認証の基礎

本章では、トークン認証を語るに避けて通れないOAuth2やOpenID Connectについて解説します。OAuth2は認可のフレームワークであり、OAuth2+認証=OpenID Connectということを覚えておいてください。

2.1　認証と認可

認証の話に入る前に、まずは認可と認証を区別しておきます。認可とは「許可を与えること」です。本書の文脈ならば、あるサービスのあるリソースへの限定的なアクセス権限のことを指します。金庫の中身（リソース）と鍵（権限）をイメージすると分かりやすいでしょう。認可に対して、認証とは「誰かを確認すること」です。認証は「身分証明書」をイメージしましょう。

認可と認証をそれぞれ英語で書くと次のような綴りになります。

- 認可: Authorization / AuthZ
- 認証: Authentication / AuthN

認可と認証はそれぞれ、AuthZとAuthNと省略することがあります。一見してどちらがNかZを覚えるのは難しいのですが、筆者の場合は、最近ではパスワードを使わない認証である「WebAuthN」という言葉を聞くようになったので、認証はNだと覚えることができています。

2.2　OAuth2

OAuth2はHTTPで「認可」を行うための認可フレームワークです。“OAuth2認証”という言葉がありますが、あくまで認可のフレームワークであり、認証のためのフレームワークではありません。認可する内容に「ユーザー情報」へのアクセスが含まれる場合、認証として使うことができます。OAuth2は金庫の中にユーザー情報が入っていて、金庫の鍵を得るようなイメージです。この鍵のことを、アクセストークン（AccessToken）と呼びます。

2.2.1　OAuth2の登場人物

OAuth2の登場人物は4者です。次のように分類されます。

- Client: 認可を受けてリソースにアクセスするアプリ・クライアント

・Authorization Server: 認可サーバー（＝鍵の管理者）

・Resource Server: 認可によってアクセスできるリソースが管理されているサーバー（＝金庫）

・Resource Owner: リソースの所有者、つまりユーザー（＝鍵の持ち主）

……どうにも回りくどい言い方をしている、と思いませんでしたか？ OAuth2は「認証」ではなく「認可」のためのものなので、少し広義の言い回しになっています。

Authorization ServerとResource Serverは同じサーバーであることがほとんどです。つまり、ユーザー・クライアント・認可サーバーの3者が主な登場人物となります。これらの用語はOpenID Connectになると言い回しが変わりますが、これについてはOpenID Connectの節で解説します。

2.2.2 OAuth2のトークン発行フロー

OAuth2にはいくつかのトークン発行フローが存在します。覚えておきたいのは次の3種類です。

・Authorization Code Flow: サーバーサイド用

・Implicit Flow: モバイルやSPA用（注意！）

・Refresh Token Flow: アクセストークンの再発行用

Implicit Flowは「注意！」と書きましたが、認証に使うにはセキュリティ的に問題があるので使わないほうが無難です。フローはこの他に次の2種類があります。本書では詳しく解説しませんが、興味がある人は調べてみてください。

・Resource Owner Password Credentials Flow

・Client Credentials Flow

2.2.3 Authorization Code Flow

Authorization Code Flowはサーバーサイドアプリケーションで使われるフローです。トークンを秘密保持できる場合に使われます。通常のRailsのようなモノリシックなウェブアプリの場合です。

図2.1にフローの全体図を用意しました。イメージしやすいように、ClientをRailsアプリ、認可サーバーをGitHubとしています。

このフローでは「認可コード（＝Authorization Code）」と呼ばれる引換券を介してアクセストークンを取得します。ユーザーからは認可コードが見えていますが、アクセストークンは直接見えていないことが分かると思います。最終的に取得されるリソースとしてユーザー情報を取得すれば、Client側で認証を行うことができます。これがOAuth2認証です。

図2.1: OAuth2.0 Authorization Code Flow

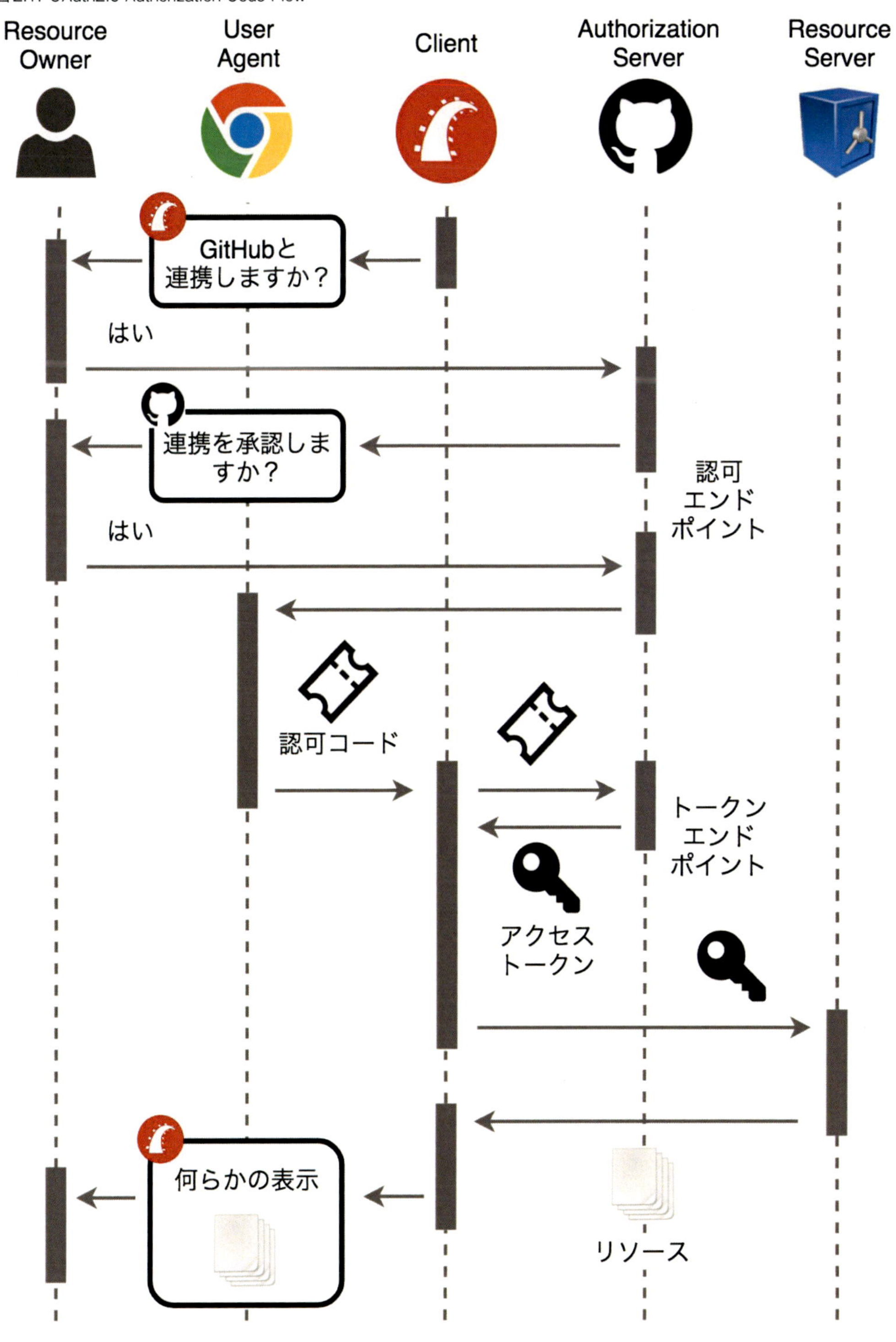

2.2.4 Implicit Flow

「注意！」と紹介したImplicit Flowは、モバイルアプリやSPAのような、トークンを秘密保持できない場合に使われます。モバイルアプリの場合はストレージ内に、SPAの場合はクッキーやローカルストレージにトークンを保存しますので、ユーザーから簡単に覗けてしまいます。

図2.2にImplicitの場合の全体図を用意しました。ClientはSPAです。Authorization Code Flowと異なり、認証コードのステップが省略され、アクセストークンをユーザーが直接触れる形になっているのが分かります。

省略している分セキュリティ的にも弱く、OAuth2のImplicit Flowを認証に使うとセキュリティホールを生むので、OAuth2のImplicit Flowは認証に使ってはいけません。「注意！」と紹介したこの理由は後述します。

図2.2: OAuth2.0 Implicit Flow

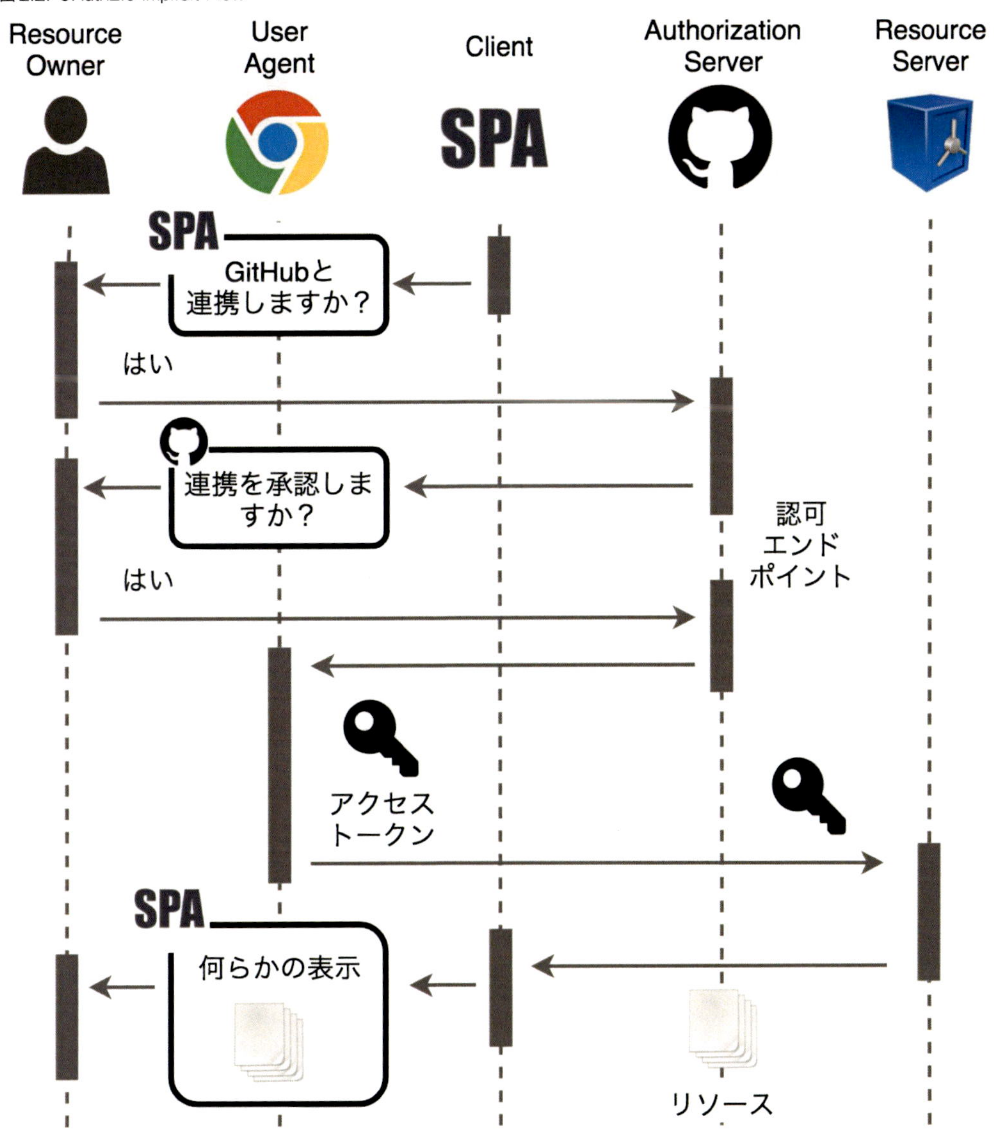

2.2.5 Refresh Token Flow

Refresh Token Flowは、Authorization Code Flowで取得したアクセストークンを更新するためのフローです。図2.1でアクセストークンを取得する際に、リフレッシュトークンと呼ばれるアクセストークン更新用のトークンが同時に取得できます。アクセストークンには期限がありますので、期限が切れている場合はリフレッシュトークンを使用して新しいアクセストークンを取得します。なおImplicit Flowではリフレッシュトークンは取得できません。

2.2.6　Implicit Flowと脆弱性

2つ目のフローとして紹介したImplicit Flowを認証に使うと、大きな脆弱性を生んでしまいます。その理由を説明します。

OAuth2は認可のフレームワークだと説明してきましたが、認可に「誰」という考え方はなく、アクセストークンを保有している人にリソースへのアクセス許可が与えられます。

Implicit Flowではユーザーがアクセストークンを直接触れるようになっています。(図2.2のフローを再度確認してみてください)

さて、図2.3を見てみましょう。ここで、アプリA経由でアクセストークンを取得したとします。これをアプリAに送ることで、アプリAは認証が完了します。

ところがこのアクセストークンをアプリBに送ることで、アプリBでも認証ができてしまうのです。アプリBはアクセストークンがアプリA用に発行されたことを知らないためです。

図2.3: OAuth2.0 Implicit Flow - Security Hole

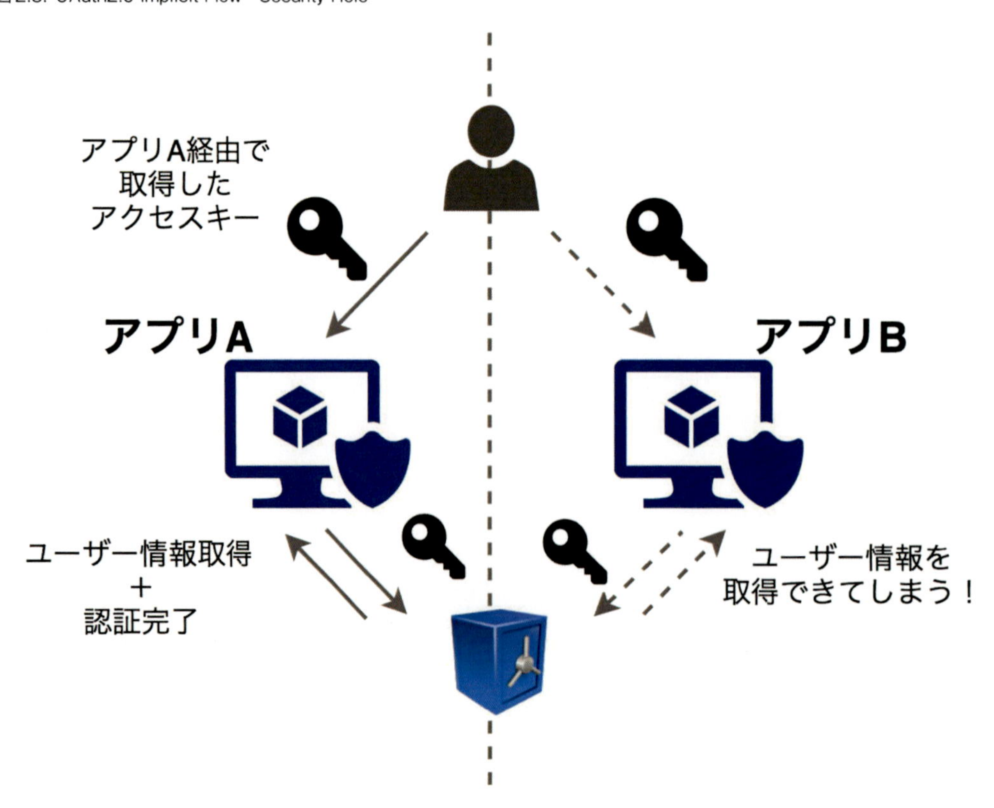

これを防ぐためには次のどれかの対策を採ります。

・OpenID ConnectのIDトークンを使用する

・Authorization Code Flowを使用する

・アクセストークンの発行対象を確認する

ポイントは、何のために発行した鍵かを判別できるようにすることです。アクセストークンのトークンの発行対象を確認すればよいと思うかもしれませんが、OAuth2の範疇ではないので、独自実装になります。これを標準化したのが、OpenID ConnectのIDトークンですので、OpenID Connectが広く使われるようになった現在では、OAuth2のImplicit Flowを使うことはないと考えてください。このように、フロントエンドでのトークンの扱いを考える場合は、別のアプリで使われる場合を常に念頭に置きましょう。

2.3 OpenID Connect（OIDC）

OpenID Connectは認証のための仕様です。長いのでOIDCと略します。OAuth2は認可のフレームワークでしたが、OIDCは認証のための仕様となります。**OpenID Connect=OAuth2+認証**と覚えてください。

OIDCではOAuth2のImplicit Flowにおいて問題だった「何のために発行されたアクセストークン」かを判別することができるようになり、脆弱性が解消されます。これにより、フロントエンドやモバイルでの認証機構が組み込みやすくなります。フロントエンドで認証を完結させたい場合は、OIDCを使用しましょう。

OAuth2のときはアクセストークンを鍵に見立てた説明をしました。OIDCの中には当然アクセストークンも存在するのですが、IDトークン（IDToken）と呼ばれるトークンが新しく追加されます。IDトークンは身分証明書だと考えてください。ようやく認証の話らしくなってきました。

2.3.1 OIDCの登場人物

OIDCの登場人物もOAuth2と変わりませんが、前述したようにIDに特化された言い回しになります。カッコ（）内がOAuth2の登場人物です。

- Relying Party, RP（Client）：認証機能を組み込むアプリ、クライアント
- Identity Provider, IdP（Authorization Server + Resource Server）：認証の仕組みを提供するサーバー
- End User（Resource Owner）：ユーザー、アプリを使う人間

RPという言葉は聞き慣れませんが、認証に限定することでちょっとシンプルになりましたね。Identity Providerは、OpenID ProviderやOPとも呼ばれ、Authorization ServerとResource Serverを足したような存在となり、認証の枠組みを提供します。

2.3.2 OIDCのトークン発行フロー

OIDCのトークン発行フローはresponse_typeとscopeによって決まります。認可コード（code）、アクセストークン（token）、IDトークン（id_token）の組み合わせになるのでこれらの単体と組み合わせの合計8種類に加えてnoneの指定が可能です。この指定と、認可エンド

ポイントとトークンエンドポイントから何が取得できるかをコントロールします。id_tokenを指定する場合、scopeにopenidを含めないと、IDトークンは発行されないので注意してください。

- code（Authorization Code Flowと同じ）
- token（Implicit Flowと同じ）
- id_token
- **token id_token（本書で扱います）**
- code id_token
- code token
- code id_token token
- none

code id_token tokenの全てを指定する場合は、認可エンドポイントからはIDトークン、アクセストークン、認可コードが取得され、トークンエンドポイントからIDトークンと、アクセストークンが取得されます。2回アクセストークンが出現しますが、同じものとは限りません。

本書ではSPAへの組み込みを行うので、OAuth2のImplicit Flowの改良版であるtoken id_tokenの指定をしたフローを使用します。OIDCの文脈でImplicit Flowと呼ばれた場合、これを指します。実際のフローを図にしました。

図2.4: OpenID Connect Implicit Flow (response_type=token id_token)

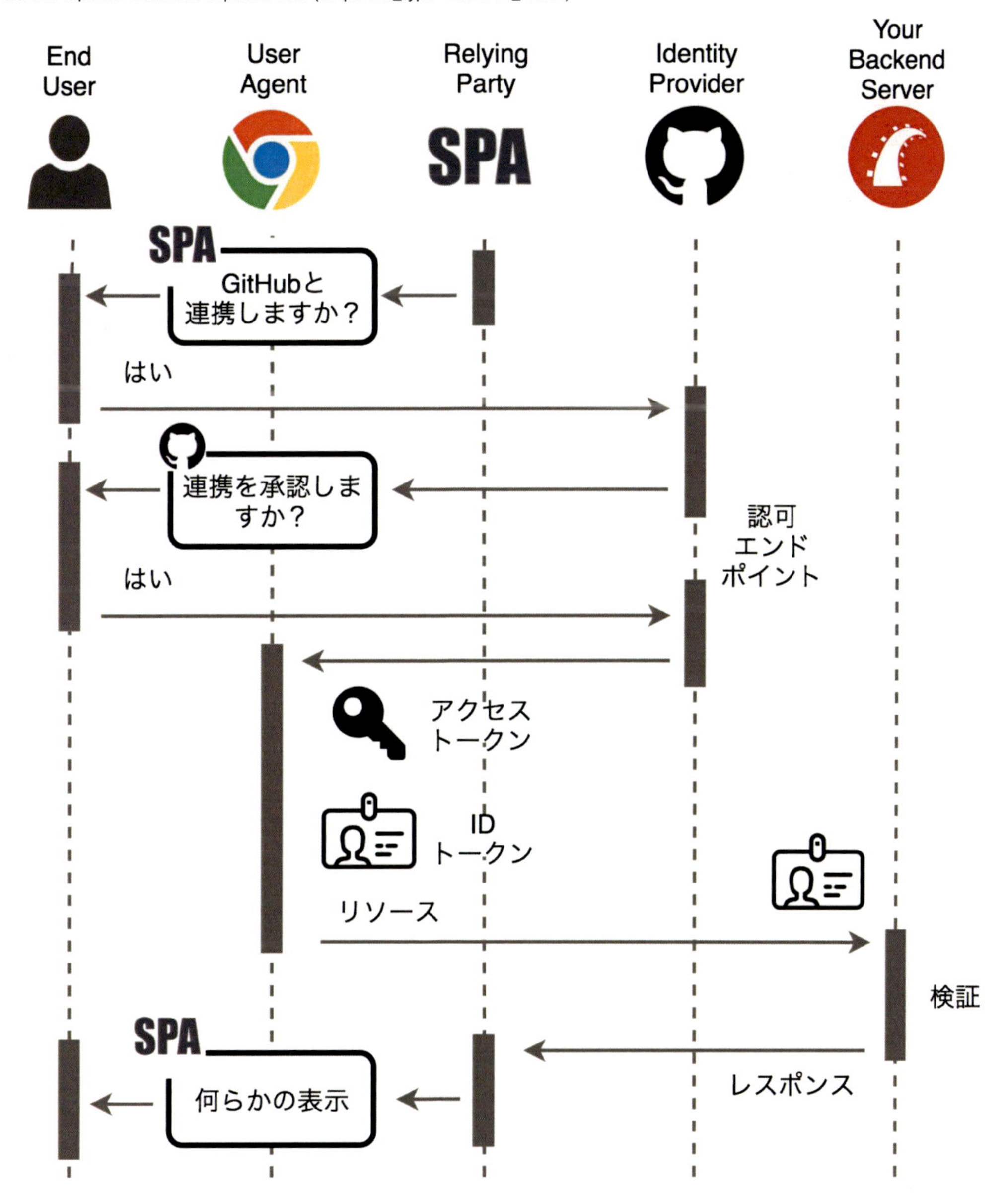

認可エンドポイントからアクセストークンに加えて、IDトークンが取得できます。ここで取得できるIDトークンが重要です。これはJSON Web Token形式で表現されており、改ざん不可能なトークンの中に「発行者は誰か」「誰のために発行されたか」「身分証の有効期限」などの情報が含まれます。これらのアクセストークンでは含めることはできなかった情報を用いて、IDトークンは脆弱性に対する対策を講じているのです。

取得したIDトークンを用いて、各バックエンドサーバーへアクセスします。バックエンドサーバーではIDトークンを検証して、何かしらのレスポンスを返します。

図中ではアクセストークンの使用を省略していますが、アクセストークンを用いてIdPのUserInfoエンドポイントに対してリクエストをかけると、ユーザー情報が取得できます。OIDCではエンドポイントの仕様についても標準化されました。

次の章では、OIDCが採用しているJSON Web Tokenについて詳しく解説します。

第3章　JSON Web Token

OIDCのIDトークンは、JSON Web Token（JWT）形式で表現されます。本章ではJWTについて解説します。

3.1　JWTとは何か？

JSON Web Token (JWT）は、2者間で情報を安全に伝送するためのトークンです。発音は「ジョット（jot)」です。

JWTはJSON形式で情報を含めることができます。とても簡単なJWTの例を紹介します。

リスト3.1: 簡単なJSON Web Tokenの例

```
eyJhbGciOiJIUzI1NiJ9.eyJtZXNzYWdlIjoiSGVsbG8gV29ybGQifQ.
my_MH3sexDZIhR4nq5OtazIigY-ZhdlA8jWKdpEW-qY
```

本来は1行で表現されますが、誌面の都合で改行を含めています。今後登場するJWTも同様です。このJWTには、次のようなJSONが含まれています。

リスト3.2: 簡単なJSON Web Tokenの例に含まれるJSON

```
{
  "message": "Hello World"
}
```

JWTは本来認証のために特化したものではないので、自由に情報を含めることができます。認証のために使用する場合は、ユーザーに関する情報をすべて含めることができます。つまりトークンの中にユーザーIDを含めることもできるのです。

含まれている情報はデジタル署名しているので、トークンの発行者、および発行者が保有する情報を保持する者のみが、鍵を使ってトークンが改ざんされていないことをチェックできます。

署名には共通鍵（HMAC）・公開鍵（RSA, ECDSA）など良く知られたアルゴリズムが使用できます。ここで注意したいのは、一般的にJWTとは「署名」であって「暗号化」ではないことです。JWTに含まれているユーザー情報は鍵を知っていなくても閲覧できてしまいます。

暗号化のオプションも存在します。署名はJSON Web Signature（JWS）、暗号化はJSON Web Encryption（JWE）と呼ばれ、一般的にJWSのことをJWTと呼んでいます。

JWTはRFC7519[1]で標準化の提案がされており、2018/07/19現在でのステータスはPROPOSED STANDARDです。

3.2 JWTの使い所

JWTは異なるクライアント・サーバー間の情報伝達の際、情報の改ざんがないことを保証する場合に使われます。認証もその中の1つで、OpenID ConnectはIDトークンの形式にJWTを採用しています。ユーザー情報を保持することができるため、認証を行いつつ、ユーザーIDやトークンの発行者・有効期限の情報を安全に伝えることができます。

JWTはURL-safeなトークンで、サイズが小さいためURL・POSTパラメータ・HTTPヘッダー内で送信できます。異なるドメイン間でも簡単に使用できるので、SSO（Single Sign On; シングルサインオン）で広く使われています。

メール認証やパスワード忘れメールのトークンとして使う場合、ユーザーIDを含めることができるので、DBでトークンを管理することなく、ユーザーを同定することができます。

3.3 JWTの構造

JWTはドット（.）で区切られた3つの部分で構成されます。

- Header / ヘッダー
- Payload / ペイロード
- Signature / 署名

これらはHeader、Payload、Signatureの順で連結されます。

リスト3.3: JWTのサンプル

```
eyJhbGciOiJIUzI1NiIsInR5cCI6IkpXVCJ9.
eyJzdWIiOiIxMjM0NTY3ODkwIiwibmFtZSI6IkpvaG4gRG9lIiwiYWRtaW4iOnRydW
V9.TJVA95OrM7E2cBab30RMHrHDcEfxjoYZgeFONFh7HgQ
```

3.3.1 Header / ヘッダー

トークンの最初の部分はヘッダーです。ヘッダーではトークンの種類と、使用されるハッシュアルゴリズムが定義されています。中身を見てみましょう。

1.https://tools.ietf.org/html/rfc7519

リスト3.4: ヘッダー

```
{
  "alg": "HS256",
  "typ": "JWT"
}
```

署名アルゴリズムとしてHMAC-256を使用したJWTということが分かります。エンコード済みBase64Urlなので、1行目のドットの手前までをデコードしてみると、さきほどのJSONが得られるはずです。MacOSXであればターミナルから次のようなコマンドでデコードできます。

リスト3.5: Decode JWT in MacOSX

```
$ echo eyJhbGciOiJIUzI1NiIsInR5cCI6IkpXVCJ9 | base64 --decode
```

Base64Decode[2]などのサイトを活用するのもよいでしょう。

3.3.2 Payload / ペイロード

トークンのふたつめの部分はペイロードです。ここにクレーム（Claim）と呼ばれるキーと値のペアを用いてユーザー情報などを埋め込みます。ヘッダー同様にデコードした場合、次のようなJSONが得られます。

リスト3.6: ペイロード

```
{
  "sub": "1234567890",
  "name": "John Doe",
  "admin": true
}
```

今回はOIDCで使われるクレームを一部紹介します。

2.https://www.base64decode.org/

表3.1: 予約済みクレーム

名前	正式名	内容
iss	Issuer	発行者。アプリケーションやドメイン名を含む
sub	Subject	誰を認証したか。エンドユーザーを識別できるIDを含む
aud	Audience	利用者。RPのクライアントIDを含む
exp	Expiration Time	トークンの有効期限
iat	Issued At	トークンの発行日時
nonce	Number Used Once	リプレイアタック防止用の文字列

誰（iss）が、誰のために（aud）、誰を（sub）認証したかで覚えるとよいでしょう。たとえば、「Google（iss）が、あるアプリケーションのために（aud）、ユーザーID:1234（sub）を認証する。」となります。

OpenID Connectでscopeの中身に適切なパラメーターをセットすることで、ユーザーのプロフィールデータであるname・emailなどのクレームを含めることができます。詳しくはStandard Claims[3]を参照してください。

3.3.3 Signature / 署名

トークンの最後の部分は署名です。署名を作成するためには、ヘッダーとペイロード、シークレットを使用します。

リスト3.7: HMAC-256の場合の署名方法

```
HMACSHA256(
 base64UrlEncode(header) + "." + base64UrlEncode(payload),
 secret)
```

署名はJWTが改ざんされていないことを確認するために使用されます。

3.4 暗号アルゴリズム

多くのライブラリはHMAC、RSA、ECDSAの3種類の暗号化アルゴリズムをサポートしています。

jwt.io[4]と呼ばれる、ブラウザ上でJWTのデコードを試すことができるサイトがあります。このサイトの下部では、どの言語のどのライブラリの対応状況を確認することができます。たとえばRubyの場合、4つのJWTを扱うライブラリが存在するようですが、この中ではruby-jwtが一番メジャーで、アルゴリズムの幅も広いことが分かります。JavaScriptでも3種類ライブラ

3.https://openid-foundation-japan.github.io/openid-connect-core-1_0.ja.html#StandardClaims

4.https://jwt.io/ Crafted by Auth0

りがありますね。

図3.1: 各言語とライブラリの対応状況が一覧できる

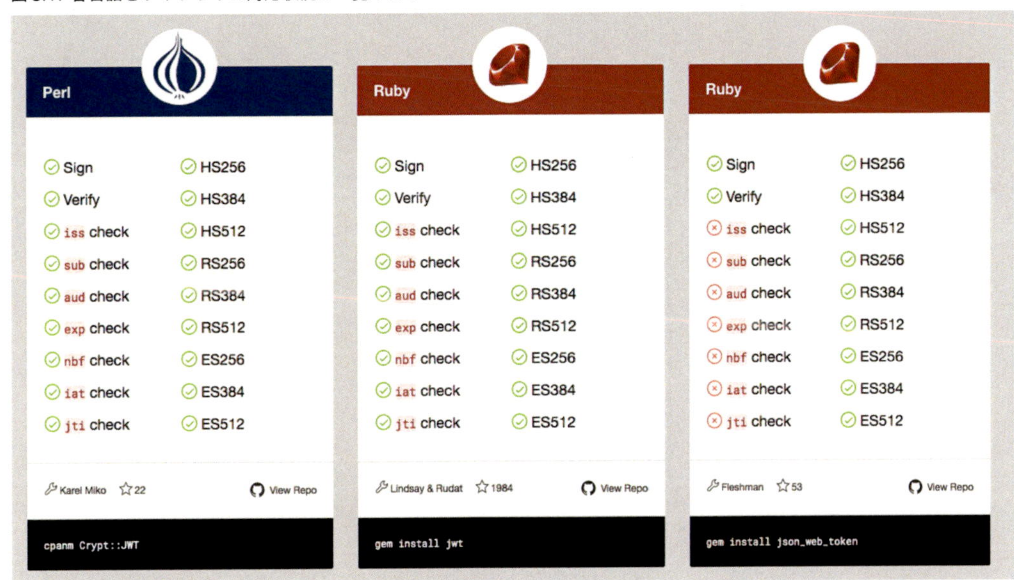

IdPが発行したIDトークンを別サーバーで検証する場合は、公開鍵暗号を使いましょう。たとえばRS256（RSA）があります。共通鍵を使う場合はIdPとトークンの検証サーバー間で鍵のやりとりが発生するため、鍵が流出する危険性があります。

3.5 APIへのリクエスト

JWTを使用する場合のAPIへのリクエストは次のような流れで行います。

1. ユーザーがIdP経由でログインを要求
2. ログイン成功後JWTを返却
3. 取得したJWTはローカルストレージやクッキーに保存
4. Authorizationヘッダに JWTを埋め込んでリクエスト
5. JWTが改ざんされていないか検証
6. JWTに埋め込まれたユーザー情報を使用して処理を行う

図3.2: APIへのリクエスト

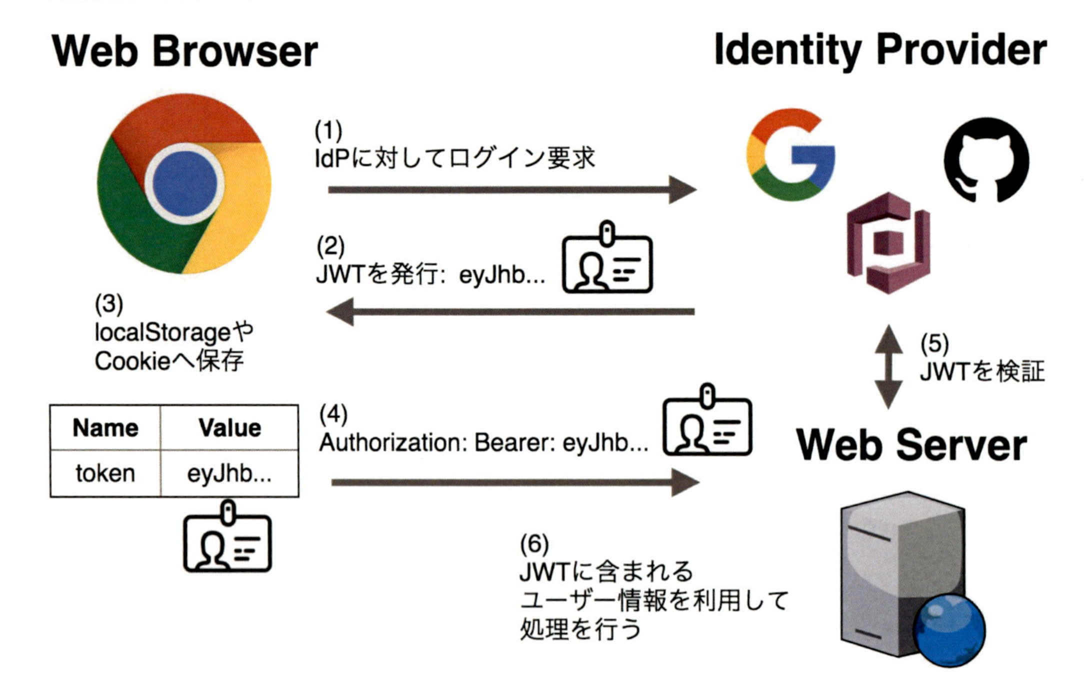

実際のヘッダは次のようになります。OAuthと同様です。

リスト3.8: Authorizationヘッダ

```
Authorization: Bearer <token>
```

3.6 トークンの保存場所

クッキー認証の場合はサーバー側でユーザーの状態を保持していますが、JWTの場合は毎回リクエストにトークンを乗せるので、サーバー側で状態を保持する必要がなくなります。

トークンの保存場所としてローカルストレージを使用する場合は、同一生成元ポリシーで保護され、ドメインごとに異なったストレージに保存することからCSRF（Cross-Site Request Forgeries; クロスサイトリクエストフォージェリ、シーサーフ）と呼ばれる脆弱性に対しては強くなります。Cookieを使用する場合はCSRFに注意して、適切な対策を取りましょう。しかし、アプリケーションにXSS（Cross-Site Scripting; クロスサイトスクリプティング）が存在すると簡単にトークンが抜かれてしまうので、XSS対策済みのフレームワークを使用するなどして、対策してください。XSS脆弱性が存在すると、CSRFの対策を行っても全てが無駄になります。Vue.jsやReact.jsはXSS対策が施されています。

3.7 JWT Handbook

JWTについてより深く学びたい場合は、JWT Handbook[5]が無料でダウンロードできます。英語で100ページほどですが、興味があればそちらも参照するとよいでしょう。

5.https://auth0.com/e-books/jwt-handbook

第4章　Auth0

ここまではOIDCとその周辺技術について説明してきました。本章では、本書で扱うクラウド認証プラットフォームの「Auth0」を紹介します。Auth0の良さを知ってもらえたらと思います。

4.1　Auth0とは

Auth0[1]（オースゼロ）は、ウェブサービス、モバイルアプリなどに認証・認可の仕組みを提供するIDaaS (Identity as a Service) と呼ばれているサービスです。

図4.1: Auth0のロゴ

多くのIDaaSはこれまで主に社内向けのサービスで、1つのIDを使って自社で契約しているさまざまなシステムへのログインを可能とするサービスとして使われてきました。業務でさまざまなクラウドサービスを扱う場合、いくつもあるサービスのID・パスワードを管理するのはリスクであり、社内インフラの管理者にとって頭を悩ませる問題のひとつでした。これを解決する機能を提供するのがIDaaSで、Okta[2]やOneLogin[3]が有名どころです。

もちろんAuth0も前述したような社内インフラ用のIDマネジメントも可能なのですが、BtoCサービスのような一般ユーザー向けの認証にも力を入れています。アプリケーションに認証機

1.https://auth0.com/jp/

2.https://www.okta.com/

3.https://www.onelogin.com/

能を付けることは、必須でありながらサービスの本質とは離れているので、意外と面倒なものです。Auth0を使えば、アプリケーションに認証機能を独自実装することなく、さまざま認証を簡単に組み込むことができます。

Auth0はOIDCを標準プロトコルとして採用しており、各種プラットフォーム向けにSDKや組み込みフォームを提供しているので、簡単に組み込みを行うことができます。とにかく簡単に色々なことが行えるようになっています。

4.1.1 機能と料金

フリープランでカバーできる範囲はざっくり次のとおりです。

- 7000人までのアクティブユーザー
- 2種類までのソーシャルログイン（GoogleやGitHubなど）
- パスワードレス対応
- TouchID対応
- 組み込みUI「Lock」の使用（Web、iOS、Android）
- Auth0 Databaseの使用（Auth0内でLoginID/Passwordを管理する）
- ユーザーに対するJavaScriptベースのルールの適用（特定のIP禁止など）
- ユーザーへのメタデータ追加

フリープランでだいたいのことができるので、数十人、数百人規模のアプリケーションで、安定性やサポートを重要視しないのであればフリープランで十分かもしれません。ソーシャルログイン数の制限を緩和して欲しいところではありますが、エンジニア向けサービスであればGoogleとGithubなどで良さそうです。このようなログインサービスの選定は、提供サービスの内容次第でしょう。トライアルもしやすいので、まずは気軽に触ってみるのがお勧めです。

4.1.2 制限を超える場合

開発者向け、Pro開発者向けに、もう一歩踏み込んだ機能を使える有料プランも用意されています。OSSプロジェクトの場合は、無償で全機能を制限なしに利用することができます企業ユーザーで7000人のアクティブユーザーを超える場合は、Developer, Developer Proプランをクレジットカード決済で利用することもできます。SLAやオンラインサポートが必要な方は、Auth0もしくは代理店経由でEnterpriseプランの問い合わせが必要となります。

各プランで提供される機能と料金に関しては、詳しくは公式のPricing[4]を参照してください。ログイン後の設定画面でも詳細なプラン比較ができます。

4.2 Auth0のよい点

筆者が使って感じたのは次の3点です。

4.https://auth0.com/pricing

・とにかく簡単に組み込める
・強力なカスタマイズ機能
・自分で個人情報やトークンを管理する必要がなくなる

最後の項目はIDaaS全般にいえることですね。認証機能自体が本質を担うサービスでなければ、煩雑な認証周りの実装はAuth0にお任せしてよいでしょう。特徴的な機能をいくつか紹介します。

4.2.1 組み込みフォーム「Lock」

Lockは組み込み済みのフォームで、スタイル済みのフォームが提供されます。必要に応じてカスタマイズも可能です。

Web・iOS・Androidのマルチプラットフォームで約30言語をサポートしているので、多言語対応とマルチプラットフォーム対応が必要な状況では非常に強力です。

Lockの中ではAuth0 SDKが使われているので、SDKを使って独自実装するくらいならLockを使いましょう。

図4.2: 組み込みフォーム「Lock」

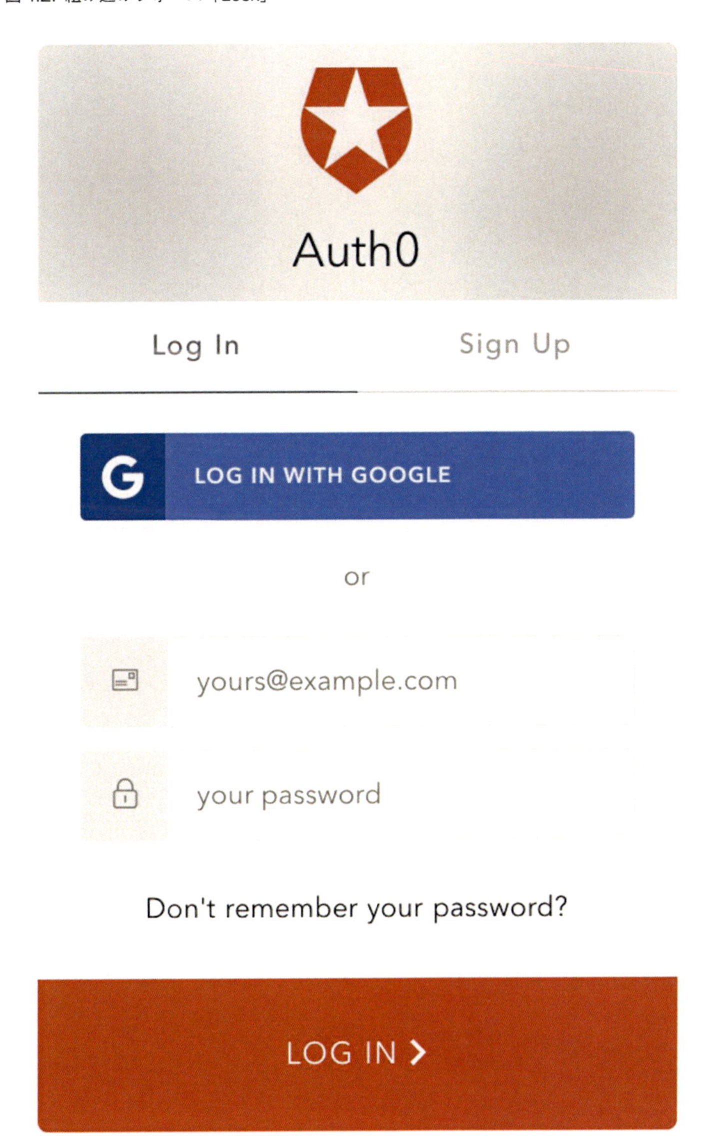

4.2.2 ソーシャルログインとボタントグル

Auth0は豊富な種類のソーシャルログインを提供しています。トグルをオンにするだけで、Lockでの認証画面にオンにしたサービスのログインが表示されます。パスワード認証をオフにしてソーシャルログインオンリーにすることもできます。

図4.3: ソーシャルログイン

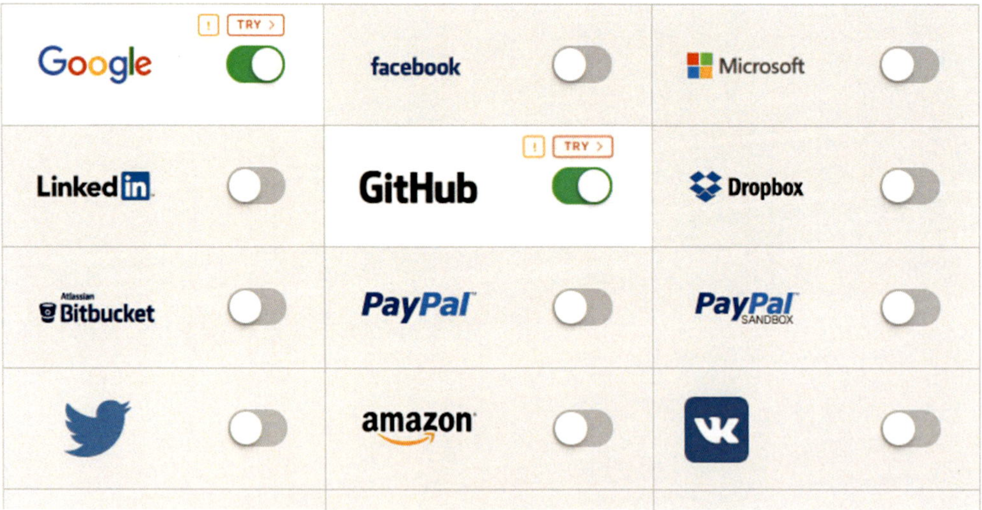

本来はそれぞれのサービスのアクセスキーを取得して設定する必要があるのですが、トグルを有効にすると一時的にAuth0が所持している開発用のアクセスキーを使って連携を試せる状態になります。画像中の「Try」と書かれているのがその状態を示しています。とりあえず試したい場合にいちいちキーを取得するのは面倒なので嬉しい仕様です。

4.2.3 豊富なTutorial

Single Web Applicationだけでこれだけ存在します。React、Vue、Angularなどの有名どころのライブラリはもちろんカバーされています。

図4.4: Web向けチュートリアル

これらのチュートリアルは、Auth0 SDKを使用したもので、Lockを使った組み込みではありませんが、雰囲気を掴むには十分でしょう。

チュートリアルはログインしなくても閲覧できますが、ログインしている場合は、文中に掲載された設定コードが自分のアカウントにカスタマイズされたものになるので、コードをコピペして、設定を差し替えて、という作業が不要になります。

4.2.4 コンテナ実行環境「Webtask」とルール

Webtask[5]はAuth0のもつ大きな特徴の1つです。

Auth0はAWS Lambdaのようなサーバーレスのコード実行環境を独自で持っています。JavaScript(Node.js)だけでなく、C#なども利用可能です。実際にはWebtask Compiler機能[6]を使うことで実現可能です。

これを利用して、認証時の処理をカスタマイズすることができます。

5.https://webtask.io/

6.https://webtask.io/docs/webtask-compilers

カスタマイズはRulesから行います。RulesはJavaScriptで記述します。ルールを作成する時にテンプレートから作成することができるのですが、用途別に50種類以上のテンプレートが存在するので、自分で最初から記述することはほぼ無いでしょう。

図4.5: ルールテンプレート集

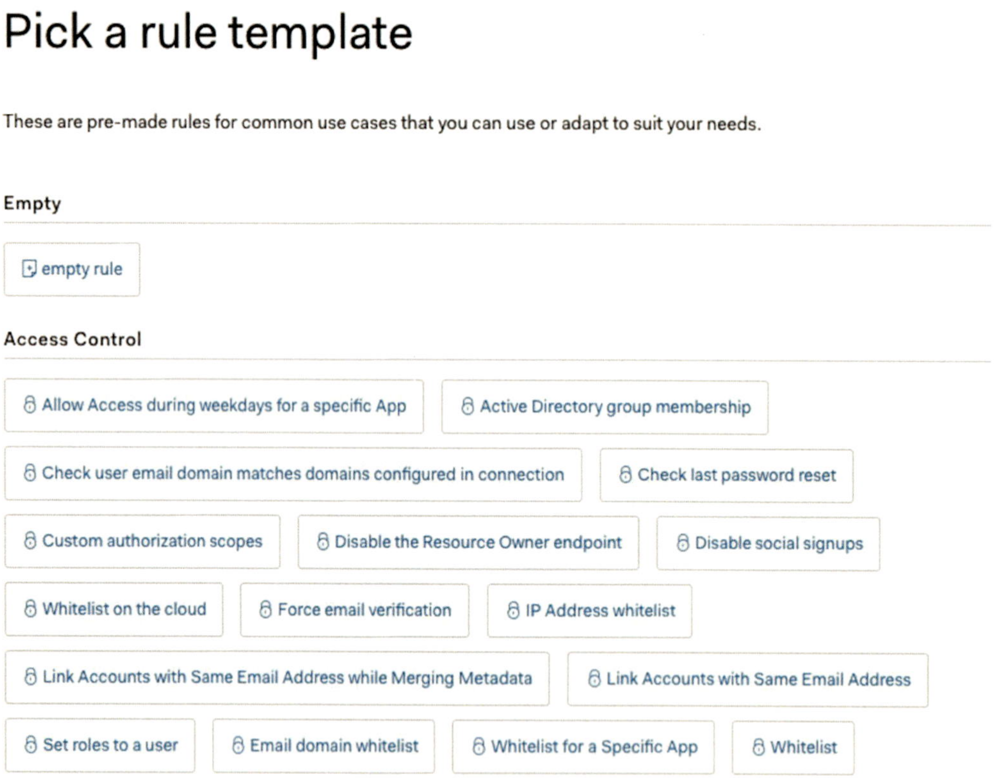

Pick a rule template

These are pre-made rules for common use cases that you can use or adapt to suit your needs.

Empty

empty rule

Access Control

Allow Access during weekdays for a specific App
Active Directory group membership
Check user email domain matches domains configured in connection
Check last password reset
Custom authorization scopes
Disable the Resource Owner endpoint
Disable social signups
Whitelist on the cloud
Force email verification
IP Address whitelist
Link Accounts with Same Email Address while Merging Metadata
Link Accounts with Same Email Address
Set roles to a user
Email domain whitelist
Whitelist for a Specific App
Whitelist

たとえばWhitelistの中身は次のようになっています。

図4.6: ルール「Whitelist」

Whitelist

```
1   function (user, context, callback) {
2       var whitelist = [ 'user1@example.com', 'user2@example.com' ];
3       var userHasAccess = whitelist.some(
4         function (email) {
5           return email === user.email;
6         });
7
8       if (!userHasAccess) {
9         return callback(new UnauthorizedError('Access denied.'));
10      }
11
12      callback(null, user, context);
13  }
```

例では2つのメールアドレスが許可されているので、ここを修正することで、自分のメールアドレスのみログインするといった設定もすぐに記述できます。

たとえば、社内向けメールアドレスとしてGoogle Appsを利用している場合は、GoogleのSSOを設定した上で、特定ドメインのみを許可することで、社内アドレスのみ許可した上でSSOでログインできるようになります。

4.3 名寄せ

「名寄せ」とは同じ人をまとめる作業です。「Account Linking」や、サービスによっては「アカウント連携」と呼ばれる場合も多いです。最近はほとんどのサービスが複数のソーシャルアカウントでのログインに対応しています。図はイベント・IT勉強会プラットフォームconnpass[7]でアカウントに複数のソーシャルアカウントを紐付ける例です。

7.https://connpass.com/

図4.7: (例) connpass.comのアカウント連係機能

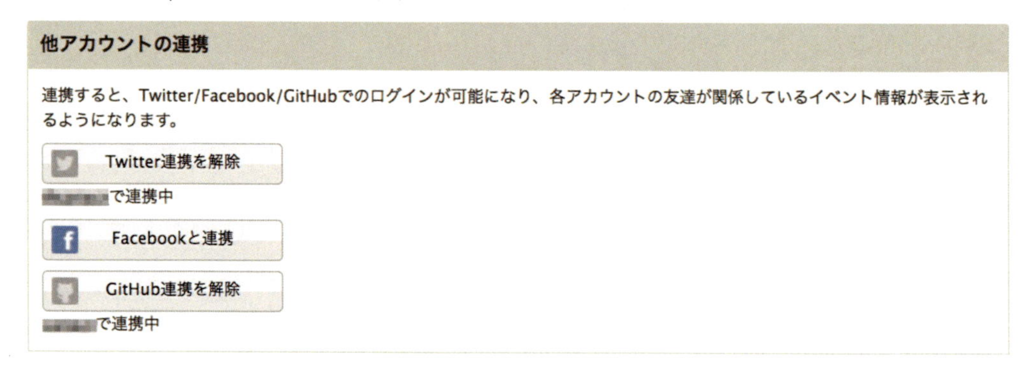

サービスに名寄せ機能が存在しない場合、ある2つのソーシャルアカウントでログインした場合、それぞれのアカウントでユーザーが作成されてしまいます。「このサービス、どのソーシャルアカウントでログインしていたっけ?」や「(別アカウントでログインしてしまって) データが消えている!」などのトラブルも起こりがちです。

Auth0で名寄せを実現する方法は、Ruleを追加するだけです。テンプレートの「Link Accounts with Same Email Address while Merging Metadata」もしくは「Link Accounts with Same Email Address」を追加します。詳しくは、第10章「設定のカスタマイズ」章で解説します。

複数のアプリで別User DBを持っている企業は、Auth0のこのルールを使用することで面倒臭い名寄せ機能を簡単に実現することができます。

4.4 認証を丸投げする不安

「認証系をAuth0に丸投げするのはよいのだけど、Auth0がダウンしたらサービスが使えないのでは?」と思った方もいるかもしれません。はい、まったくそのとおりで使えなくなります。

認証周りを外部サービスに預けるという点においては、各企業、会社のポリシーにもよると思いますし、実装する期間・体力があれば、自前で実装してしまうのもよいのではないでしょうか。少なくとも著者は、認証周りを自前で実装するのは、セキュリティの知識も必要で難しいことだと思っていますし、自前で個人情報を管理することのリスクのほうが高いと思っています。個人開発、小規模サービスやローンチを急ぎたい場合であれば、Auth0に預けてしまうことで得られる利のほうが上回るのではないでしょうか。ユーザー管理のダッシュボードなども全部ついてきます。

Auth0の稼働状況も公開されており、https://status.auth0.com から確認することができます。ちなみに2018/07/19日現在で、稼働率99.9975%となっています。

詳しくは公式のAvailability&Trust[8]でも解説されています。さらに心配であれば、サポートに問い合わせてみましょう。

8.https://auth0.com/availability-trust

4.5 Auth0を使ってみる

まずは、登録して使ってみましょう。

本書ではこの先、Googleアカウントを使ったログイン機能を実装するので、次のURLからGoogleアカウント連携で登録してみましょう。Googleアカウントが無い場合は取得してください。

- https://auth0.com/jp/

登録ページは日本語に対応しています。GithubやMicrosoftアカウントでのサインアップも可能です。当然ですがAuth0そのもののログインもAuth0を使って実装されていますね。

4.5.1 TenantとApplication

初回登録時にTenant名を聞かれます。このTenantは1つのサービスを表します。

1つのTenantに対して、複数のApplication（Client）が紐付きます。カッコ付きでClientと併記しているのは、2018/04にApplicationへと呼び方が変わったからです。

Applicationは提供するプラットフォームの数だけ作成する必要がありますので、同じサービスでWeb、iOS、Androidそれぞれ提供するのであれば、3つ必要になります。1つのClientを使いまわす方法があるかもしれませんが、イレギュラーです。

Tenantはグローバルで1つの名称になりますので、衝突に注意が必要です。本書では「nuxt-auth0」というTenantで進めます。読者の設定を入力すべき部分は、<YOUR_XXXXX>と表記しましたので、適宜読み替えてください。

4.5.2 Applicationを作成する

今後の作業に備えて、Applicationを作っておきましょう。管理画面のApplications > CREATE APPLICATIONから作成できます。

本書ではNuxt.jsと呼ばれるフレームワークを使うので、名称は「Nuxt」などにしておきましょうか。ここで設定した名称は管理上使うのみなので、管理者が判別できれば問題ありません。SPAを選択するのをお忘れなく。

Applicationsの開発中はSettingsタブを見ることが多くなります。SettingsにはClient IDやClient Secretの情報が記載されています。Client Secretは外に漏らしてはいけません。

4.5.3 Googleログイン設定

Connections > Socialで前述したソーシャルログインの設定ができます。デフォルトでGoogleにチェックが入っているはずですが、入っていない場合はトグルをオンにしてください。

図 4.8: Google ログイン有効

「Try」というボタンを押すと、実際にログインを試すことができます。

図 4.9: It Works!

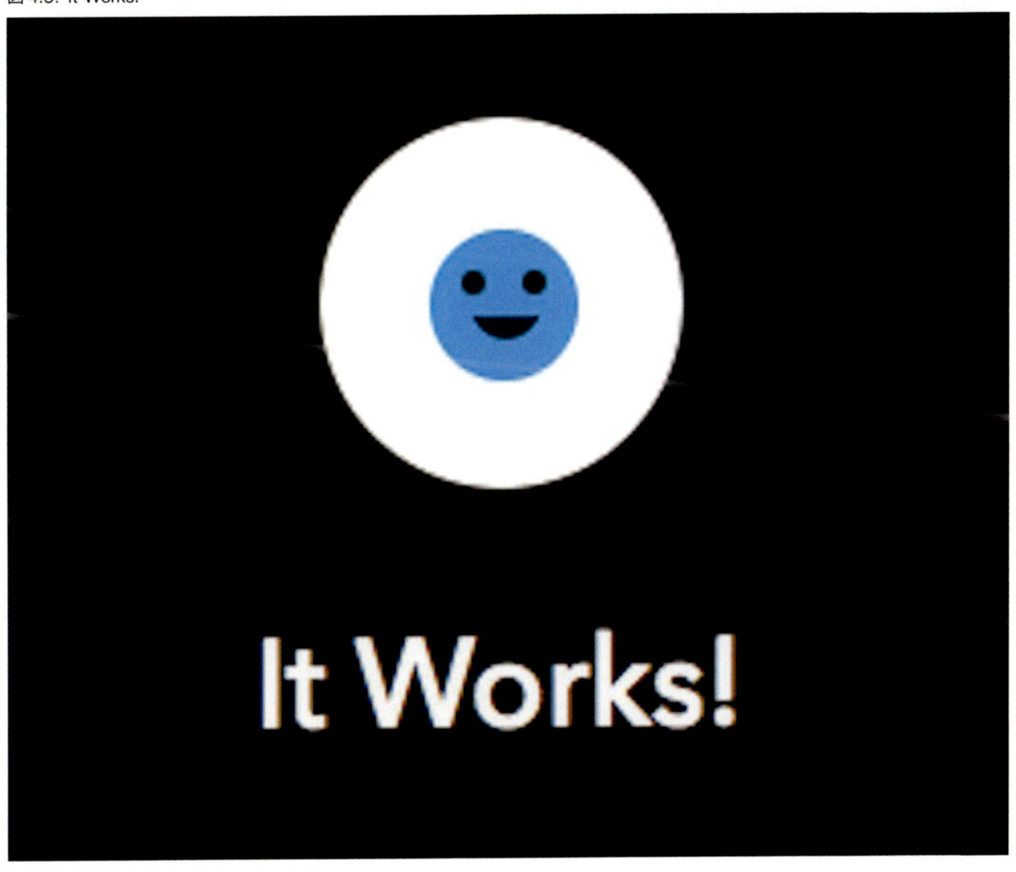

ログイン後「It Works!」と表示されれば成功で、Googleから取得した情報を見ることができます。

第5章　Nuxtで作るSPA

本章から、実際に手を動かして開発していきます。前章までの認証からフロントエンドへと話題が変わりますので、頭を切り替えて読み進めてください。

5.1　Nuxt.jsとは

本書ではSPAの構築に、Nuxt.jsと呼ばれる、Vue.jsをベースとしたフロントエンド用のアプリケーションフレームワークを使用します。

図5.1: Nuxt.js

・https://ja.nuxtjs.org/

Nuxt.jsは本来Server Side Rendering（SSR）用のフレームワークです。モジュールベースで、機能拡張ができ、最近ではPWA（Progressive Web Apps）用のモジュールも公開されています。また、Vue.jsと同じく日本語のドキュメントが充実しています。

ReactにもNext.jsというSSR用フレームワークが存在しますが、Nuxt.jsはNext.jsに触発されて作成されたフレームワークです。ネクストに対して「ナクスト」と呼ばれます。

NuxtはSSR用のフレームワークなのですが、SSRに対応すると考慮すべきポイントが増えるので、本書ではSSRしないという前提で進めます。SSRしないという選択をとっても、Nuxtは十分強力なフレームワークです。

5.1.1 活発なコミュニティ

コミュニティが活発で、さまざまなモジュールが公開されています。次のawesome-nuxtというレポジトリで確認できます。

・https://github.com/nuxt-community/awesome-nuxt

この中のAuth ModuleはAuth0に対応していますが、JWTを扱えるモジュールではないので、今回は使用しません。

・https://github.com/nuxt-community/auth-module

5.1.2 SPAを何で構築するか

本書でNuxtを用いてフロントエンドを構築する理由は次の2点です。

・学習コストが低く日本語のドキュメントも充実しているVueベースであること

・SPAの構築が手軽に素早く行えること

NuxtでSPAを構築するには、SPAモードを有効にしてビルドを行うだけなので非常に簡単です。この立ち上げのスピードの速さは、後ほど体感してください。

SPAを構築する場合は、一般的に次のようなコアライブラリ、Fluxライブラリ、ルーティングライブラリの3点セットで実装します。

・Vue + Vuex + Vue Router

・React + Redux + React Router

本書の中でこれらの技術を網羅することは難しく、SPAの構築を主眼としている内容ではないため、SPAの下地作りの解説を省略するためにNuxtを使用しています。

そのためこれから解説する内容は、基本を押さえればNuxtを使わずに実装もできますし、もちろんReactやAngularを使っても実装可能です。

5.1.3 Nuxt.jsの良いところ

ひとつ目は、とにかく作り始めがはやい点です。初期状態でVue RouterとWebpackによるビルドが組み込まれており、Vuexの導入も楽に行えます。

ふたつ目に、ルーティングの記述が不要です。たとえばpages/hello.vueを配置すると、/helloへのルーティングが自動で生成されます。筆者もはじめて触った時に感動しました。設定より規約をうたうRailsに近しい快感があります。

さいごに、多くのモジュールが用意されている点が挙げられます。PWAやAxiosに代表するモジュールが用意されており、さっと組み込んで使えます。

実際に触れてみるのが一番ですので、早速使ってみましょう。

5.2 Nuxt.jsを使ってみよう

Nuxt.jsはyarn[1]の使用を推奨しています。OSXとBrewを使用しているのであれば、次のコマンドでインストールできます。

リスト5.2: vue-cli

```
$ brew install yarn
$ yarn -v
1.6.0
```

Nuxtの実行にはNode 8.0+とNPM 5.0+が必要なので、適宜インストール、アップグレードしてください。

5.2.1 vue-cliと初期化

Nuxtの初期化にはvue-cli[2]を使用します。公式が推奨している初期化方法です。vue-cliは各種設定済みテンプレートからプロジェクトを作成してくれるツールです。globalに入れておきましょう。

リスト5.2: @vue/cli

```
$ yarn global add @vue/cli @vue/cli-init
$ vue --version
3.0.0-beta.15
```

本書の執筆時点でvue-cliはv3 betaが公開されていますので、正式リリースを見据えてv3系を使用していきます。vue initコマンドを利用するために、cli-initプラグインもインストールしました。

次にNuxtをテンプレートから生成します。初期化時に数回質問されますが、特別入力する必要はありません。今回作業するディレクトリはnuxt-auth0としています。

リスト5.3: Nuxt.jsの初期化

```
$ vue init nuxt-community/starter-template nuxt-auth0
$ cd nuxt-auth0
$ yarn install
```

Nuxtのバージョンを確認して、開発用サーバーで起動してみましょう。

1.https://yarnpkg.com/lang/ja/

2.https://github.com/vuejs/vue-cli

リスト5.4: Nuxt.jsのバージョン確認と起動

```
$ yarn nuxt --version
1.4.1
$ yarn dev
DONE  Compiled successfully in -6691ms
OPEN  http://localhost:3000
```

Nuxtには開発用サーバーが搭載されており、yarn devで起動できます。開発用サーバーを起動した状態で、 http://localhost:3000/ にアクセスすると、次のような画面が表示されるはずです。

図5.2: Nuxt.jsの初期画面

今後進めていく上で、Git等でバージョン管理をしておくとよいです。

5.2.2 起動ポートの変更

開発用サーバーはデフォルトでポート3000番を使いますが、本書の後半に登場するRailsサーバーと競合します。あらかじめポートを変更しておきましょう。package.jsonのdev部分を変更します。

リスト5.6: package.json

```
"dev": "HOST=0.0.0.0 PORT=3333 nuxt",
```

リスト5.6: ポート3000番での起動

```
$ yarn dev
DONE  Compiled successfully in -7739ms
OPEN  http://localhost:3333
```

今後はhttp://localhost:3333/ でアクセスします。

5.2.3 Hello Nuxt

Nuxtの強力なルーティング自動生成を体験しつつ、Hello WorldもといHello Nuxtしてみましょう。pages/hello.vueを作成してみます。

リスト5.7: pages/hello.vue

```
<template>
  <section>
    <div>
      <h1 class="title">Hello Nuxt</h1>
    </div>
  </section>
</template>
```

/hello にアクセスして、「Hello」と表示されていることを確認してください。pages以下にVueのSFC（Single File Component）を配置すると、1ファイルが1つのページとなります。次に、先ほど作成したhello.vueを、pages/hello/index.vueへ移動してみます。

リスト5.9: 配置の仕方を変更する

```
$ mkdir pages/hello
$ mv pages/hello.vue pages/hello/index.vue
```

この場合も、先ほどと同様に/helloで「Hello」と表示されます。

自動生成されたファイル群を見てみましょう。一時ファイルは.nuxt以下に生成されます。.nuxt/router.jsを見ると自動生成されていることが確認できます。

リスト5.9: 自動生成されたルーティング

```
export function createRouter () {
  return new Router({
    mode: 'history',
    base: '/',
    linkActiveClass: 'nuxt-link-active',
    linkExactActiveClass: 'nuxt-link-exact-active',
    scrollBehavior,
    routes: [
                {
                        path: "/hello",
                        component: _334498d4,
                        name: "hello"
                },
                {
                        path: "/",
                        component: _426319de,
                        name: "index"
                }
    ],
    fallback: false
  })
}
```

作成したhello/index.vueは今後使用しませんので、削除しても問題ありません。

5.3 ビルド

5.3.1 ビルド方法

Nuxtのリリースビルドはbuildを実行します.nuxtにSSR用のビルド結果が出力されます。静的ビルドは、generateを実行します。静的ビルドを行うと、dist以下にindex.htmlおよびリソースファイルが生成されます。

リスト5.10: リリースビルド（SSR）・静的ビルド

```
$ yarn build
$ yarn generate
```

5.3.2 SPAモード

SPAとして静的ファイル出力するため、設定を追加します。nuxt.config.jsにmodeを追加するだけです。

リスト5.11: nuxt.config.js

```
  ...
  },
  mode: 'spa'
}
```

SPAモードにすると、yarn buildした際にgenerateまで実行され、静的ファイルが出力されます。.nuxtおよびdistを消してから、もう1度yarn buildしてみてください。distが生成されます。このdist以下をホスティングサービスにデプロイするだけで静的ホスティングできます。

Nuxtの設定はnuxt.config.jsに集約されているので、今後の設定変更は基本的にこのファイルを修正することで実現します。

5.3.3　ホスティング

SSRを有効にする場合は、HerokuなどのNodeが動くサーバーが必要になります。静的ビルドする場合は、ただのHTMLとアセット群になるので、NetlifyやFirebase Hostingでホスティング可能です。最近では、Nuxtを利用したプロフィールサイトをよく見かけるようになりました。筆者のプロフィールサイトもNuxtを利用して作成しています。

Nuxtを利用して、SPAを出力できるようになりました。次章から実際にAuth0をNuxtに組み込んでいきます。

第6章　NuxtにAuth0を組み込む

本章ではNuxtにAuth0の組み込み、フォームLockを実装し、Googleアカウントでのソーシャルログイン後にJWTを発行してブラウザに保存するところまでを作ります。
Railsとの連携はここでは実装しません。

図6.1: 連携図（JWT発行時）

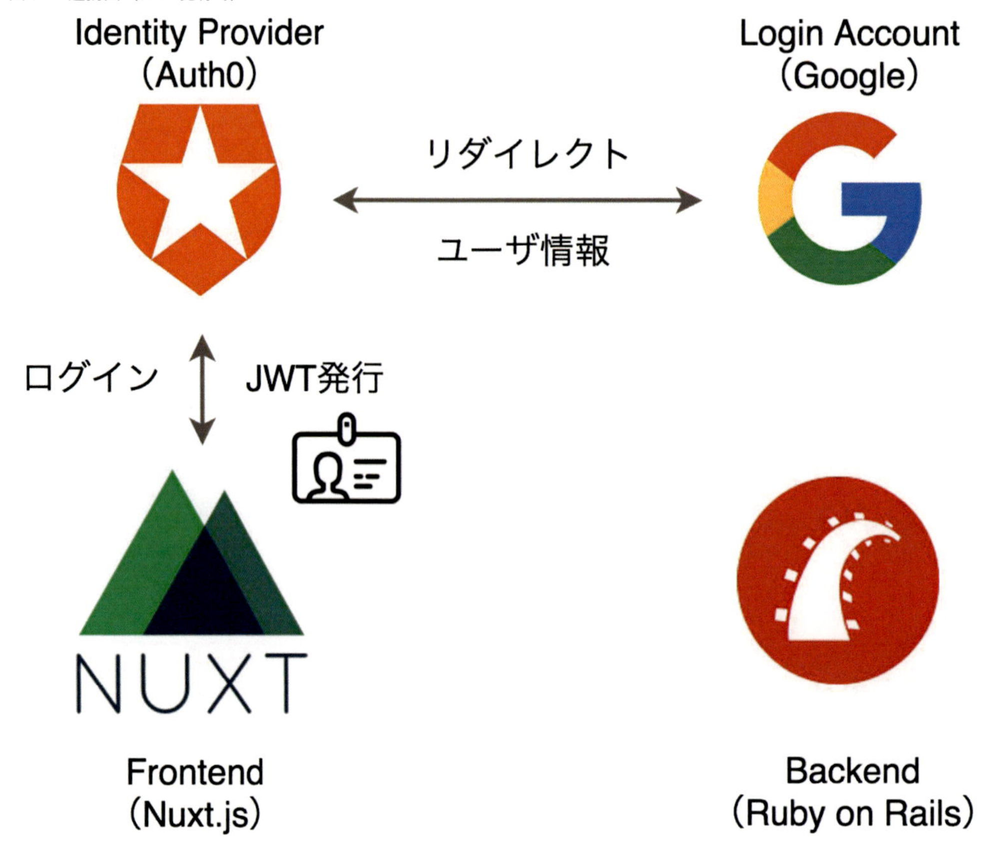

Auth0のアカウントを登録してない場合は、先にAuth0の章を読んで、事前準備をしてください。

6.1 2種類のライブラリ

JavaScriptでのAuth0の組み込み方法は、次の2種類が候補に挙がります。

- auth0-js: https://github.com/auth0/auth0.js
- auth0-lock: https://github.com/auth0/lock

auth0-jsはJavaScript向けの汎用的なSDKで、auth0-lock（以下Lock）はauth0-jsを利用して、サインイン、サインアップ用のフォームを組み込んだラッパーライブラリです。Auth0の章でも紹介しました。

自分でフォームを組んでみても楽しいのですが、手軽に組み込めるのでLockを使用するのがよいでしょう。auth0-jsについては、Auth0のVue向けチュートリアルにauth0-jsを使った組み込み方法が掲載されているので参考にしてみてください。

Lockおよびauth0.jsについては、古いバージョンが設定されていると正常に動作しない場合があります。（稀にサンプルソース中のpackage.jsonで古いバージョンを指定している場合があります）その場合にはLock 11.x およびauth0.js 9.xにアップグレードしましょう。

6.2 Lockを組み込む

6.2.1 ライブラリの追加

Lockを組み込んでいきましょう。パッケージ名はauth0-lockになります。yarnで追加してください。

リスト6.1: auth0-lockを追加する

```
$ yarn add auth0-lock
```

Lockを利用するために、plugins/auth0.jsにAuth0Utilクラスを実装していきます。Nuxtのプラグインとして実装します。

リスト6.2: plugins/auth0.js

```
import Auth0Lock from 'auth0-lock'
import nuxtConfig from '~/nuxt.config'
const config = nuxtConfig.auth0

class Auth0Util {
  showLock(container) {
    const lock = new Auth0Lock(
      config.clientID,
      config.domain,
      {
```

```
        container,
        closable: false,
        auth: {
          responseType: 'token id_token',
          redirectUrl: this.getBaseUrl() + '/callback',
          params: {
            scope: 'openid profile email'
          }
        }
      })

    lock.show()
  }

  getBaseUrl() {
    return `${window.location.protocol}//${window.location.host}`
  }
}

export default (context, inject) => {
  inject('auth0', new Auth0Util)
}
```

リスト6.3: nuxt.config.js

```
  ...
  mode: 'spa',
  plugins: ['~/plugins/auth0.js'],
  auth0: {
    domain: 'YOUR_DOMAIN',
    clientID: 'YOUR_CLIENT_ID'
  }
}
```

getBaseUrlで返却する文字列はテンプレートリテラルを使用しているため、シングルクオートではなくバッククオートで囲んでいます。ご注意ください。

ClientIDとDomainはAuth0の管理画面から取得することができます。Applications (Clients)の各クライアントのsettingタブから確認できます。

図6.2: ClientIDとDomainの確認

Dashboard
Applications
APIs
SSO Integrations
Connections
Users
Rules
Hooks
Multifactor Auth
Hosted Pages
Emails

Nuxt

Quick Start　Settings　Addons　Connections

Name　Nuxt
Domain　.auth0.com
Client ID
Client Secret　***

OIDCのresponseTypeやscopeを指定して、認証フローやどのような情報をJWTに埋め込むかを指定します。今回はprofileやemailの情報を埋め込むことにしました。

redirectUrlはAuth0で認証が完了した後のリダイレクト先を指定します。今回は/callbackへリダイレクトさせるようにします。

injectはNuxtの機能です。injectを利用することで、Vue Componentの内部ではthis.$auth0経由でこのユーティリティクラスの呼び出しが可能になります。

リスト6.4: injectしたオブジェクトの呼び出し例

```
this.$auth0.showLock('hoge');
```

詳しくはNuxt公式ページのプラグインの解説[1]を参考にしてください。

6.2.2　Loginページの実装

ログインページとして、pages/login.vueを作成します。ページがマウントされた時に、ログインフォームを呼び出します。

リスト6.5: pages/login.vue

```
<template>
  <div id="show-auth"/>
```

1.https://ja.nuxtjs.org/guide/plugins/

```
</template>

<script>
export default {
  mounted() {
    this.$auth0.showLock("show-auth");
  }
};
</script>
```

6.2.3　Callbackページの実装

ソーシャルログイン後のリダイレクトをハンドリングするために、pages/callback.vueを作成します。後ほど処理を組み込んでいくので、とりあえずサインイン中であることが分かる表示を出しておきましょう。

リスト6.6: pages/callback.vue

```
<template>
  <p>Signing in...</p>
</template>
```

まだログインボタンは配置していませんので、http://localhost:3333/login に直接アクセスしてみましょう。ログインフォームが表示されるはずです（図6.3）

図6.3: auth0-lock

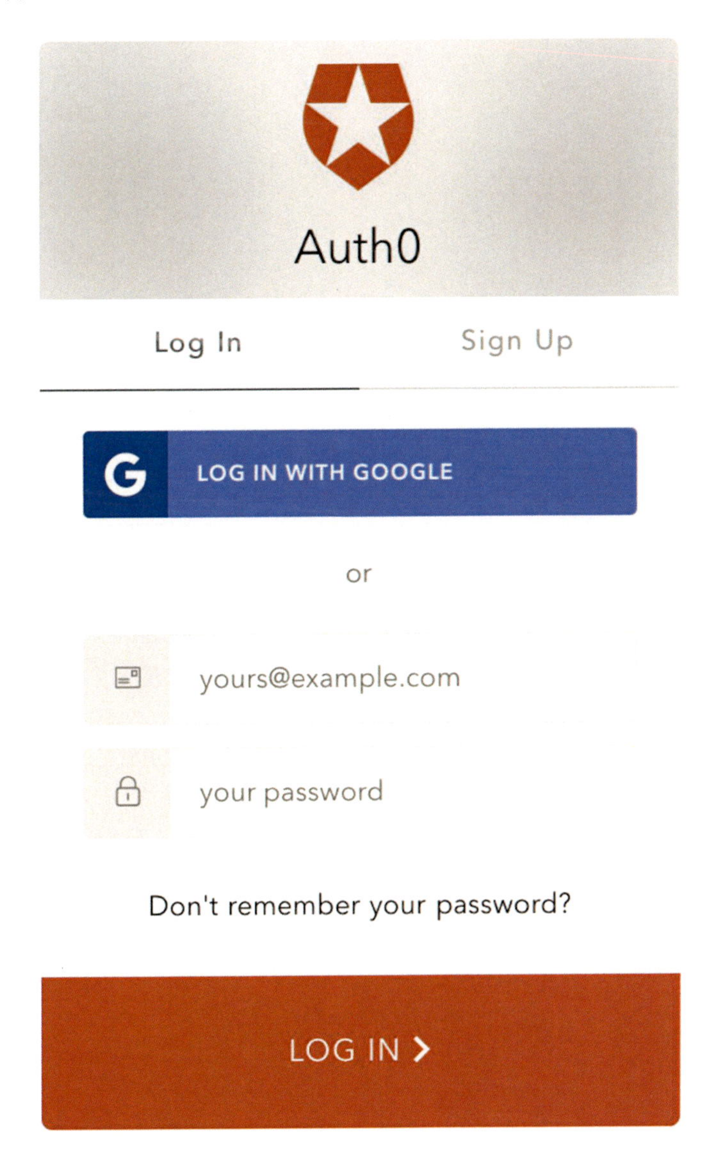

「LOG IN WITH GOOGLE」が表示されているはずですが、もし表示されていなかったら、Applications > アプリを選択 > Connections でGoogleを有効後に、SettingsでSAVEをしてください。IDとパスワード入力欄が表示されていますが今は気にせず進めましょう。

6.2.4 ログインしてみよう

「LOG IN WITH GOOGLE」をクリックしてログインしてみましょう。

図6.4: went wrong

あれ？ログインできませんでしたね。何かおかしい画面が出ているはずです。この段階では、設定が足りていないのでこの画面で問題ありません。

6.2.5 Callback URLの許可

something went wrongの問題を解決するために、Auth0の管理画面で、Callback先を許可する必要があります。

Applications（Clients）からSettingsタブを開きます。「Allowed Callback URLs」「Allowed Web Origins」の項目が空欄になっていると思いますので、正しく設定します。

「Allowed Callback URLs」には

- http://localhost:3000/callback
- http://localhost:3333/callback

「Allowed Web Origins」には

- http://localhost:3000
- http://localhost:3333

それぞれをカンマ区切りで設定してください。この段階で3000の設定は不要ですが、後々必要になるのでついでに設定しています。

図6.5: Callback Settingsの例

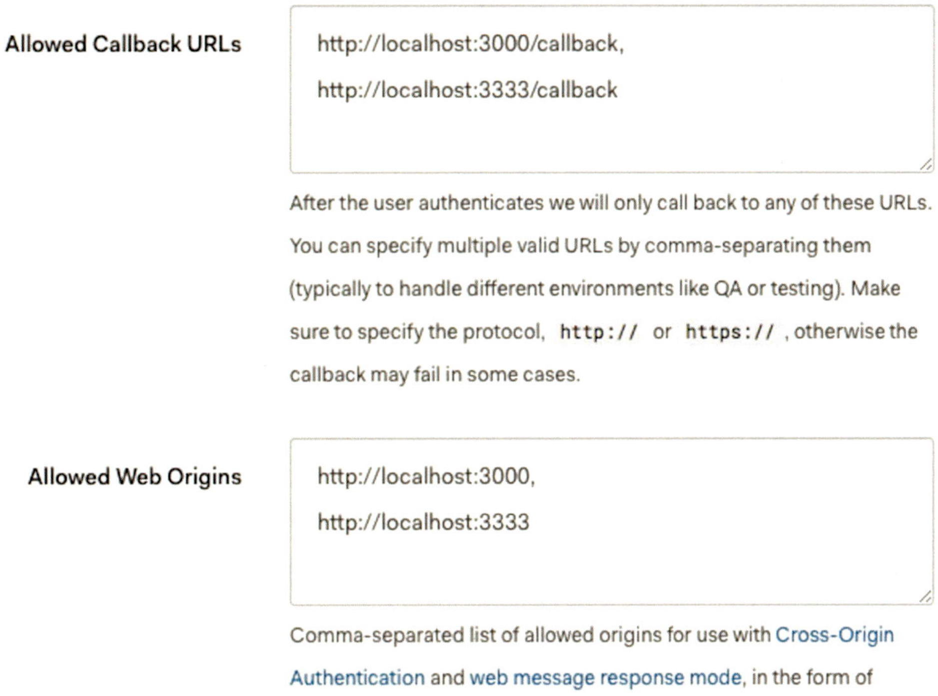

Allowed Callback URLs

http://localhost:3000/callback,
http://localhost:3333/callback

After the user authenticates we will only call back to any of these URLs. You can specify multiple valid URLs by comma-separating them (typically to handle different environments like QA or testing). Make sure to specify the protocol, `http://` or `https://` , otherwise the callback may fail in some cases.

Allowed Web Origins

http://localhost:3000,
http://localhost:3333

Comma-separated list of allowed origins for use with Cross-Origin Authentication and web message response mode, in the form of

設定を保存したら、もう一度/loginにアクセスして、ログインを試してください。このとき、Auth0からprofileとemailへのアクセス許可を求められる場合がありますが、許可をしてログインを進めてください。

図6.6: Auth0のアクセス許可

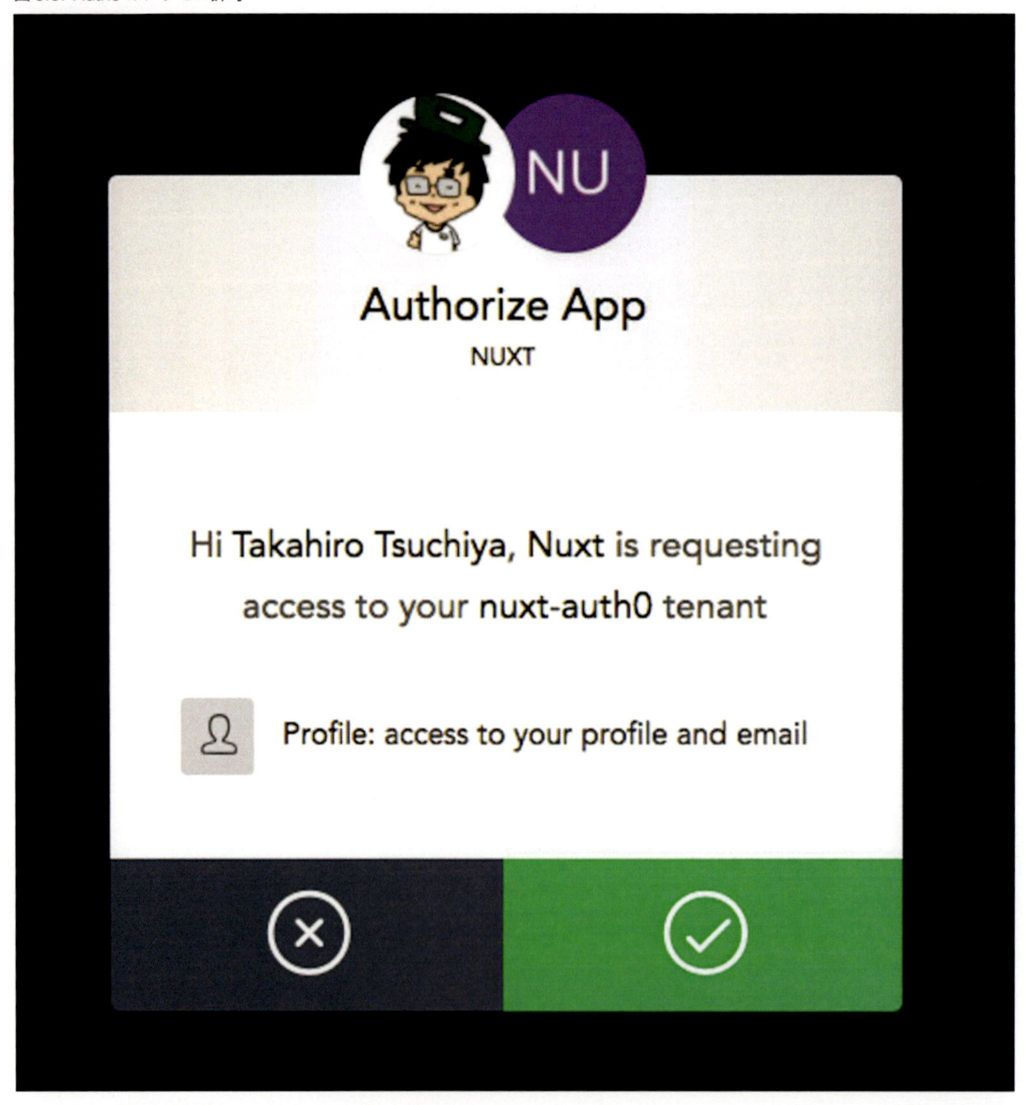

ログインが完了すると、/callbackへパラメータ付きでリダイレクトされます。「Signing in...」が表示されていますが、今はこれ以上の処理は組み込んでいません。

この画面からブラウザバックで戻ろうとすると、「went wrong」の画面が表示されるかもしれません。その場合は、再度 http://localhost:3333/へアクセスして、再ログインしてみてください。

6.2.6 認証完了時のレスポンス

/callbackへリダイレクトされた時に、やたらとURLが長いことに気づくはずです。実は、取得したトークンがクエリパラメータとして付与されています。JWTはURL Safeなトークンですので、クエリパラメータとして受け渡しができます。パラメータは次のような内容が含まれています。

- ・access_token（Auth0へアクセスするためのアクセストークン）
- ・id_token（JWT、ユーザーの情報を含むIDトークン）
- ・expires_in（アクセストークンの有効期限）
- ・token_type（トークンの種類、Bearer）
- ・state（CSRF対策用）

JWTであるid_tokenはprofileやemailの内容も含んでいますので、かなり長いトークンになっています。

リスト6.7: plugins/auth.jsのscope指定部分

```
...
params: {
  scope: 'openid profile email'
}
...
```

取得したid_tokenは、jwt.ioでデコードしてみましょう。Auth0が発行するトークンが採用するアルゴリズムは、デフォルトだとRS256になります。アルゴリズムをRS256にして、id_token（eyから始まる文字列）をEncodedエリアに貼り付けてみましょう。

図6.7: jwt.ioでのデコード例

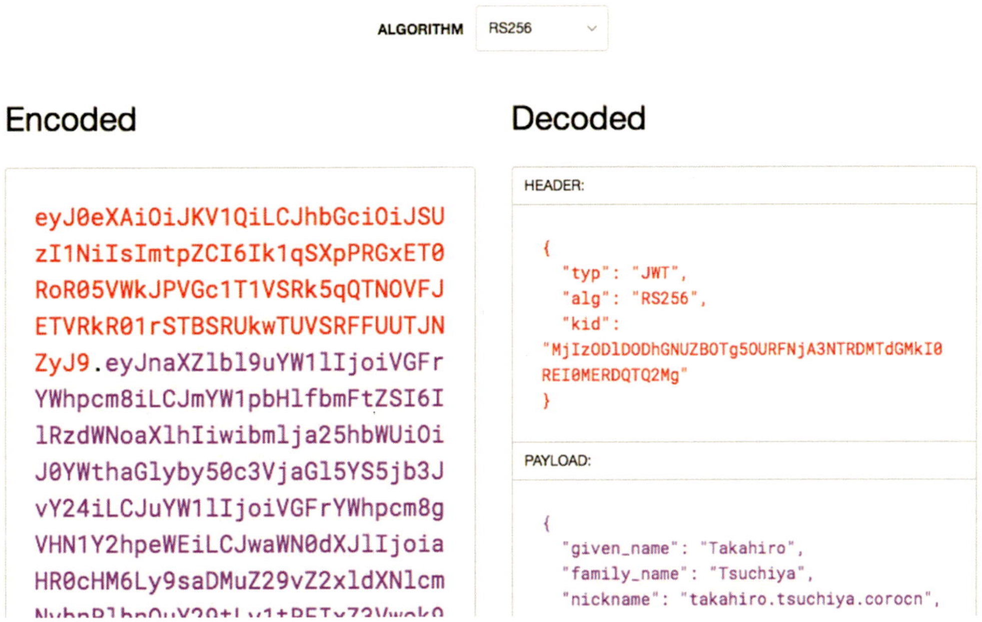

ALGORITHM RS256

Encoded

eyJ0eXAiOiJKV1QiLCJhbGciOiJSU
zI1NiIsImtpZCI6Ik1qSXpPRGxET0
RoR05VWkJPVGc1T1VSRk5qQTNOVFJ
ETVRkR01rSTBSRUkwTUVSRFFUUTJN
ZyJ9.eyJnaXZlbl9uYW1lIjoiVGFr
YWhpcm8iLCJmYW1pbHlfbmFtZSI6I
lRzdWNoaXlhIiwibmlja25hbWUiOi
J0YWthaGlyby50c3VjaGl5YS5jb3J
vY24iLCJuYW1lIjoiVGFrYWhpcm8g
VHN1Y2hpeWEiLCJwaWN0dXJlIjoia
HR0cHM6Ly9saDMuZ29vZ2xldXNlcm

Decoded

HEADER:

{
  "typ": "JWT",
  "alg": "RS256",
  "kid":
"MjIzODlDODhGNUZBOTg5OURFNjA3NTRDMTdGMkI0REI0MERDQTQ2Mg"
}

PAYLOAD:

{
  "given_name": "Takahiro",
  "family_name": "Tsuchiya",
  "nickname": "takahiro.tsuchiya.corocn",

次のようなJSONが得られます。

リスト6.8: id_tokenのデコード結果

```
{
 "given_name": "Takahiro",
 "family_name": "Tsuchiya",
 "nickname": "takahiro.tsuchiya.corocn",
 "name": "Takahiro Tsuchiya",
 "picture": "https://lh3.googleusercontent.com/...略",
 "locale": "ja",
 "updated_at": "2018-03-05T14:55:58.978Z",
 "email": "takahiro.tsuchiya.corocn@gmail.com",
 "email_verified": true,
 "iss": "https://nuxt-auth0.auth0.com/",
 "sub": "google-oauth2|113324381784049738745",
 "aud": "bWSCL499LksS6Zf9wWyFUFjvwA0vkQoj",
 "iat": 1520261759,
 "exp": 1520297759,
 "at_hash": "1uOFTsBI39cZIgqZbeCGzQ",
 "nonce": "RCDt2uOrjdodnl0Lg_kRcRNtKpiTkprj"
}
```

name、emailに加え、icon画像のURLが含まれていることが分かります。subがAuth0管理下のユーザーIDになります。nonceはリプレイアタック対策用です。

6.3 トークンを管理する

6.3.1 ローカルストレージに保存する

取得したトークンをブラウザで保持する必要があります。クッキーを使用するとCSRFの危険が増すので、ブラウザのローカルストレージに保存しましょう。

まずは必要なライブラリを追加します。

リスト6.9: jwt-decode, query-stringの追加

```
$ yarn add jwt-decode   //JWTのdecodeを行うライブラリ
$ yarn add query-string  //クエリパラメータの取得を行うライブラリ
```

次にplugins/auth0.jsへ、パラメータの取得とトークン保存する関数を実装します。

リスト6.10: plugins/auth0.js

```
import Auth0Lock from 'auth0-lock'
import jwtDecode from 'jwt-decode' //jwt-decodeをインポート
import queryString from 'query-string' //query-stringをインポート
```

```
import nuxtConfig from '~/nuxt.config'

...

class Auth0Util {
  ...

  getQueryParams() {
    return queryString.parse(location.hash)
  }

  setToken({access_token, id_token, expires_in}) {
    const localStorage = window.localStorage
    localStorage.setItem('accessToken', access_token)
    localStorage.setItem('idToken', id_token)
    localStorage.setItem('expiresAt', expires_in * 1000 + new
Date().getTime())
    localStorage.setItem('user',
JSON.stringify(jwtDecode(id_token)))
  }

  setTokenByQuery() {
    this.setToken(this.getQueryParams());
  }
}
```

expiresAtですが、expires_inは「発行時点からの経過時間」であるため、現在時刻との比較しやすいように、この段階で「有効期限」に変換しておきます。Userは先ほどjwt.ioで確認した内容をそのままJSONで保持しておきます。

最後に、pages/callback.vueにsetTokenの呼び出し処理を加えます。

リスト6.11: pages/callback.vue

```
<template>
  <p>Signing in...</p>
</template>

<script>
export default {
  mounted() {
    this.$auth0.setTokenByQuery()
  }
```

```
};
</script>
```

これでcallback.vueのマウント時にトークンが保存されるようになります。

動作確認してみましょう。もう一度 http://localhost:3333/login からログイン処理をして /callback まで遷移してください。その後、Chrome DevToolsを開いて、Applicationタブ > Storage > LocalStorageを確認すると、トークンなどの保存が確認できるはずです。

図6.8: Chrome DevToolsでの表示例

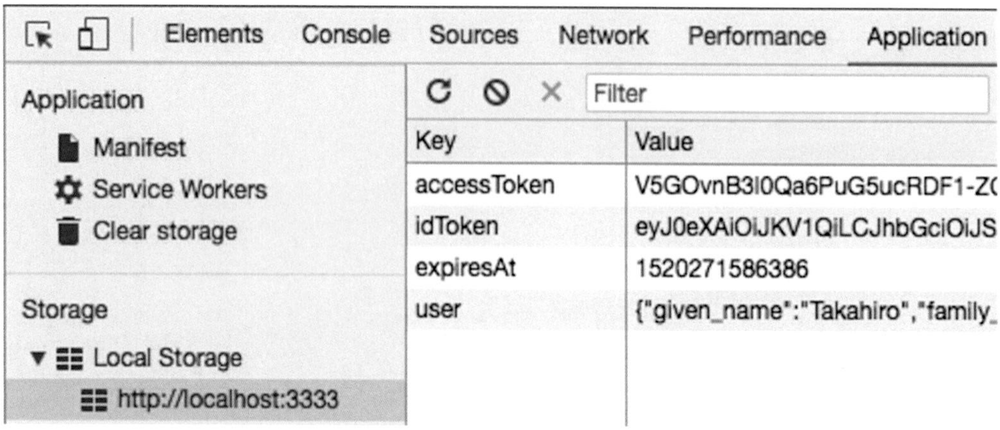

Elements Console Sources Network Performance Application

Application
Manifest
Service Workers
Clear storage

Storage
Local Storage
http://localhost:3333

Filter

Key	Value
accessToken	V5GOvnB3l0Qa6PuG5ucRDF1-Z(
idToken	eyJ0eXAiOiJKV1QiLCJhbGciOiJS
expiresAt	1520271586386
user	{"given_name":"Takahiro","family_

6.3.2　トークン取得後のリダイレクト

現在「Signing in...」で止まってしまっているので、トークンを保存した後にリダイレクトするようにします。リダイレクト先はトップページでよいでしょう。

VueRouterの機能を利用して、トップページへリダイレクトさせます。setTokenの直後に1行加えます。

リスト6.12: pages/callback.vue

```
...
mounted() {
  this.$auth0.setTokenByQuery()
  this.$router.replace('/')  //この1行を加える
}
...
```

ログイン後にトップページに遷移するようになりました。

6.4 ログイン状態の判定

6.4.1 判定メソッド

ログイン後トップページに遷移するようになりましたが、現状のままではログインしているかどうかが分かりません。

そこで、ログイン状態を判定できるようにしましょう。次のような条件でボタンを配置します。

・ログインしていなければ「Login」ボタンを表示

・ログインしていれば「Logout」ボタンを表示

ログイン状態は、有効期限内のトークンを保有しているかで判定します。厳密にいうと判定に使用するexpires_inはアクセストークンの有効期限で、JWTの有効期限は別途JWTのexpを参照する必要があるのですが、今回はアクセストークンの有効期限をログインの有効期限として考えています。Auth0のデフォルトではアクセストークンの有効期限が2時間、JWTの有効期限が10時間です。

Auth0Utilにログイン判定メソッドのisAuthenticatedを追加します。

リスト6.13: plugins/auth0.jsにログイン判定メソッドを追加

```
class Auth0Util {

  ...

  isAuthenticated() {
    const expiresAt = window.localStorage.getItem('expiresAt')
    return new Date().getTime() < expiresAt
  }
}
```

6.4.2 ログインボタンの実装

pages/index.vueを修正します。少々コードが長いので、templateとscriptを分けて記載します。タイトルなどは消してしまいましょう。

リスト6.14: pages/index.vue <template>

```
<template>
  <section class="container">
    <div>
      <div v-if="loggedIn()" class="content">
        <h2>ログ゙イン中です</h2>
```

```
        <nuxt-link class="button is-warning" to="/logout">
          <span class="icon"><i class="fa fa-sign-out"></i></span>
          <span>Logout</span>
        </nuxt-link>
      </div>

      <div v-if="!loggedIn()" class="content">
        <h2>ログインしてください</h2>
        <nuxt-link class="button is-primary" to="/login">
          <span class="icon"><i class="fa fa-sign-in"></i></span>
          <span>Login</span>
        </nuxt-link>
      </div>
    </div>
  </section>
</template>
```

リスト6.15: pages/index.vue <script>

```
<script>
export default {
  methods: {
    loggedIn() {
      return this.$auth0.isAuthenticated()
    }
  }
};
</script>
```

ログアウトはボタンだけ用意してロジックは実装していませんが、ローカルストレージをクリアすると、expiresAtがnullになるため、実質ログアウトとなります。

6.4.3 ログアウトボタンの実装

ログアウトは、ローカルストレージに保存されているトークンなどをクリアすることで実現します。Auth0Utilクラスに、unsetTokenメソッドを追加します。

リスト6.16: plugins/auth0.js に unsetToken を追加

```
class Auth0Util {

  ...

  unsetToken() {
```

```
    const localStorage = window.localStorage
    localStorage.removeItem('accessToken')
    localStorage.removeItem('idToken')
    localStorage.removeItem('expiresAt')
    localStorage.removeItem('user')
  }
}
```

ログアウトページを作成します。トークンをクリアして、トップページへリダイレクトするだけなので、callback.vueと同じような内容になりますね。

リスト6.17: pages/logout.vue

```
<template>
  <p>Signing out...</p>
</template>

<script>
export default {
  mounted() {
    this.$auth0.unsetToken()
    this.$router.replace('/')
  }
};
</script>
```

これで一連の流れができました。ログイン > Google認証 > ログアウトの流れを試してみてください。

6.4.4 スタイルの追加

ログイン・ログアウトの機能実装はできましたが、少し表示が簡素ですね。スタイルをあてましょう。CSS FrameworkのBulma[2]と、Icon FontのFont Awesome[3]（本書ではバージョン4）の外部CSSを追加します。

リスト6.18: nuxt.config.js

```
...
link: [
 { rel: 'icon', type: 'image/x-icon', href: '/favicon.ico' },
 { rel: 'stylesheet',
```

2.https://bulma.io/

3.https://fontawesome.com/

```
    href: '//maxcdn.bootstrapcdn.com/font-awesome/4.7.0/css/
font-awesome.min.css' },
  { rel: 'stylesheet',
    href:
'//cdnjs.cloudflare.com/ajax/libs/bulma/0.6.1/css/bulma.min.css'}
]
...
```

link部分は追加するのではなく、nuxt.config.jsの既存のlinkを置き換えてください。スタイルが当たると次のような表示になります。

図6.9: 非ログイン時の表示

ログインしてください

図6.10: ログイン中の表示

ログイン中です

6.5 Auth0 APIへのアクセス

6.5.1 AccessTokenによるリクエスト

APIへのアクセスはAuthorizationヘッダのBearerスキームを使います。

リスト6.19: Authorizationヘッダ

```
Authorization: Bearer <access_token or id_token>
```

id_tokenではなく、access_tokenを使用して、Auth0のuserinfoエンドポイントからユーザー情報を取得してみます。access_tokenはlocalStorageからコピーします。curlを使ってエンドポイントを叩いてみます。JSONでユーザー情報が取得できれば成功です。

リスト6.20: curlでuserinfoを取得する

```
curl -H "Authorization: Bearer <YOUR_ACCESS_TOKEN>" \
 https://<YOUR_TENANT_NAME>.auth0.com/userinfo
```

リスト6.21: userinfoの取得結果

```
{
 "sub":"google-oauth2|113324381784049738745",
 "given_name":"Takahiro",
 "family_name":"Tsuchiya",
 "nickname":"takahiro.tsuchiya.corocn",
 "name":"Takahiro Tsuchiya",
 "picture":"https://lh3.googleusercontent.com/略/photo.jpg",
 "locale":"ja",
 "updated_at":"2018-03-06T12:58:46.538Z",
 "email":"takahiro.tsuchiya.corocn@gmail.com",
 "email_verified":true
}
```

APIを叩く際にはPOSTMAN[4]のようなツールを使うと便利です。

4.https://www.getpostman.com/

図6.11: POSTMANを使用した例

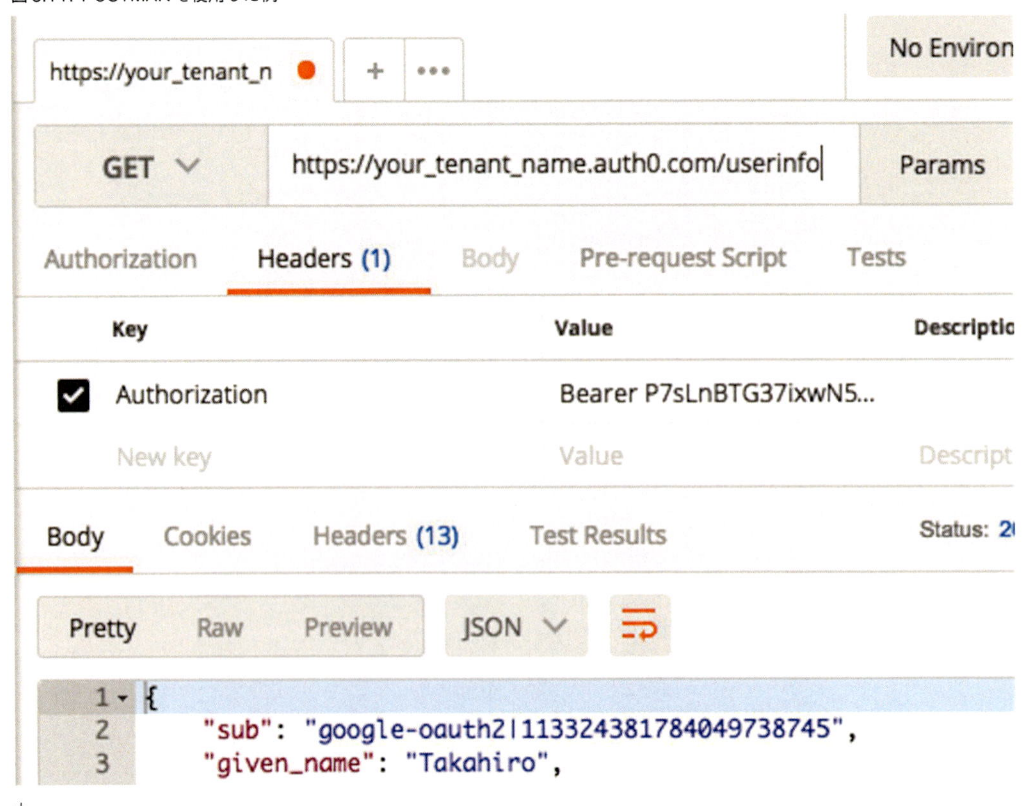

+

これでフロントエンド側でのログイン処理の実装は完了です。Auth0 Lockを使用すると、このように簡単にログイン処理を組み込むことができます。

第7章　NuxtとRailsを共存させる

フロントエンドでの認証処理の実装が完了しました。ここからはバックエンドサーバーをRailsで書いていきたいところですが、本章でその事前準備を行います。

7.1　1つのリポジトリで管理する

一般的にフロント（Nuxt）とバックエンド（Rails）はリポジトリを2つ作成して管理することになりますが、個人開発やさっと試して公開したい時に、リポジトリを分けると少々管理が面倒なので、最初に、Rails上にNuxtを乗せて、1リポジトリで管理、運用する方法を紹介します。

ここで採用する方法は、Railsの静的コンテンツを配置するpublicディレクトリに、Nuxtから静的出力したファイルを置くことで、1リポジトリ・1サーバーで運用するという方法です。NuxtとRailsは完全に分離されてますので、切り離すのは容易です。

7.2　ディレクトリ構成の変更

現在はプロジェクトのルートディレクトリにNuxtを展開している状態です。

frontendディレクトリを作成して、関連ファイルをその中に移動します。IDEやGitの設定ファイルを移動しないように気をつけてください。

http://localhost:3333/ で今までどおり動作確認できることを確かめておきましょう。今後の起動は、frontend以下でyarn devしてください。

リスト7.1: 移動後のNuxt起動確認

```
$ cd frontend
$ yarn install && yarn dev
```

7.3　Railsの構築環境

RailsはAPIモードを使用するので、5系以上を使えるようにしてください。本書ではデータベースにSQLite3を使用しますが、mysqlやpostgresqlを使用したい場合は、適宜rails newにオプションを追加してください。

7.4 Rails New

早速、みなさん大好きなrails newをしていきます。ここまでの流れだと、カレントディレクトリがfrontendになっていると思いますので、プロジェクトルートに戻っておきましょう。APIのオプションを付けて実行します。

リスト7.2: バージョン確認とRails New

```
$ rails new . --api
create  README.md
create  Rakefile
create  .ruby-version
...
Bundle complete! 9 Gemfile dependencies, 53 gems now installed.
```

データベースを初期化して、サーバーを起動してみましょう。

リスト7.3: DB初期化とRailsサーバーの起動

```
$ rails db:setup
$ rails db:migrate
$ rails server
=> Booting Puma
=> Rails 5.2.0 application starting in development
=> Run ‘rails server -h‘ for more startup options
Puma starting in single mode...
* Version 3.11.4 (ruby 2.5.1-p57), codename: Love Song
* Min threads: 5, max threads: 5
* Environment: development
* Listening on tcp://0.0.0.0:3000
```

http://localhost:3000にアクセスすると、Railsの初期画面が表示されます。

図 7.1: Railsの初期画面

この時点でのディレクトリ構成は次のような状態です。

リスト 7.4: ディレクトリ構成

```
nuxt-auth0/ ベースはRails
  ├ app/
  ├ bin/
  ├ config/
  ├ db/
  ├ frontend/ ここにNuxt.js
  |  ├ .nuxt/
  |  ├ assets/
  |  ├ components/
  |  ├ ...
  |  └ yarn.lock
```

```
├ lib
├ ...
├ Gemfile.lock
├ Gemfile
├ ...
```

7.5 APIを作成してみる

APIモードのRailsはビューが存在しないのでScaffoldしてもそこまで多くのファイルは生成されませんが、手で書いても十分こと足りるので、手作業でControllerとRoutesを書いてみます。作るのはAPIを叩くとpongという内容を返すPingPongAPIです。

リスト7.5: app/controllers/api/v1/ping_controller.rb

```
module Api
  module V1
    class PingController < ApplicationController
      def index
        render json: {
            message: 'Pong'
        }
      end
    end
  end
end
```

リスト7.6: config/routes.rb

```
Rails.application.routes.draw do
  namespace :api do
    namespace :v1 do
      resources :ping
    end
  end
end
```

http://localhost:3000/api/v1/ping へアクセスして、JSONが返ってくるか確認しましょう。Chromeの場合、JSON Viewerという拡張機能を使うと、JSONを構造化して表示してくれるので便利です。

この時点でNuxtとRailsは同時に立ち上がります。今後はポート3000でRailsを立ち上げ、ポート3333でNuxtを立ち上げて開発していきます。

7.6 Nuxtの出力先を変更する

Nuxtで静的ファイルを出力する場合、現状の設定であればfrontend/distに出力されます。これをRailsのpublicに出力するよう変更します。なお、publicの生成はNuxtに任せることになるので、.gitignoreに/public/* を追記しておきましょう。

nuxt.config.jsのgenerateに出力先を定義します。

リスト7.7: frontend/nuxt.config.js

```
module.exports = {
  ...
  generate: {
    dir: '../public'
  }
}
```

この状態で、frontendディレクトリの下で、yarn generateを実行してください。publicにはプロダクションビルドされたSPAの静的ファイル群が生成されているはずです。

この状態で、http://localhost:3000/ を見ると、Railsの初期画面ではなく、Nuxtの画面が表示されるはずです。その上で、/api/v1/pingにもアクセス可能なことを確認してください。これでRailsとNuxtで生成したSPAを共存させて動かすことができました。

ここまで確認できたら、いったんpublic以下を削除して、SPAの静的ファイル群を空にしておきましょう。

7.7 開発時のProxyを設定する

本番では:3000/でホスティングされたSPAから、:3000/apiへリクエストが送られます。ドメインが同じなので特に考慮は不要です。

開発時は、Nuxtがポート3333で立ち上がるため、:3333/から:3000/apiへリクエストを送る必要があります。これを解決するため、Nuxtのproxyモジュールを使用します。

さっそく設定を編集しますが、今後jsでのAPIのコールにaxios[1]を使用するのでこの段階で追加しておきます。また、cross-env[2]も追加しておきます。

リスト7.8: axios, proxy, cross-env

```
$ cd frontend
$ yarn add @nuxtjs/axios @nuxtjs/proxy
$ yarn add --dev cross-env
```

1.https://github.com/axios/axios

2.https://github.com/kentcdodds/cross-env

frontend/package.jsonにNODE_ENVの指定を加えます。

リスト7.9: frontend/package.json

```
"scripts": {
  "dev": "cross-env NODE_ENV=development HOST=0.0.0.0 PORT=3333
nuxt",
...
```

frontend/nuxt.config.jsで環境変数を見てproxyの有無を切り替えます。

リスト7.10: frontend/nuxt.config.js

```
const config = { //module.exports = から修正
  ...
  modules: [
    '@nuxtjs/axios',
    '@nuxtjs/proxy'
  ],
  axios: {
    baseURL: '/'
  }
}

if (process.env.NODE_ENV === 'development') {
  config.proxy = {
    '/api': 'http://localhost:3000'
  }
}

module.exports = config
```

7.8 Proxyの動作確認

設定したProxyの動作確認を行います。Nuxt、Railsそれぞれのサーバーを起動しておきましょう。

トップページ（pages/index.vue）に、pingボタンを配置してクリックしたらコンソールにAPIを叩いた結果を表示するようにしてみます。

リスト7.11: frontend/pages/index.vue <script>

```
export default {
```

```
  methods: {
    loggedIn() {
      return this.$auth0.isAuthenticated();
    },
    async ping() {
      const ret = await this.$axios.$get('/api/v1/ping')
      console.log(ret)
    }
  }
}
```

リスト7.12: frontend/pages/index.vue <template>

```
    ...
    <button class="button is-primary" @click="ping">Ping</button>
   </div>
  </section>
</template>
```

実装できたら、「Ping」ボタンをクリックしてみましょう。ブラウザのコンソールに、「Pong」と返ってくれば成功です。

図7.2: 何度か「Ping」をクリックした結果

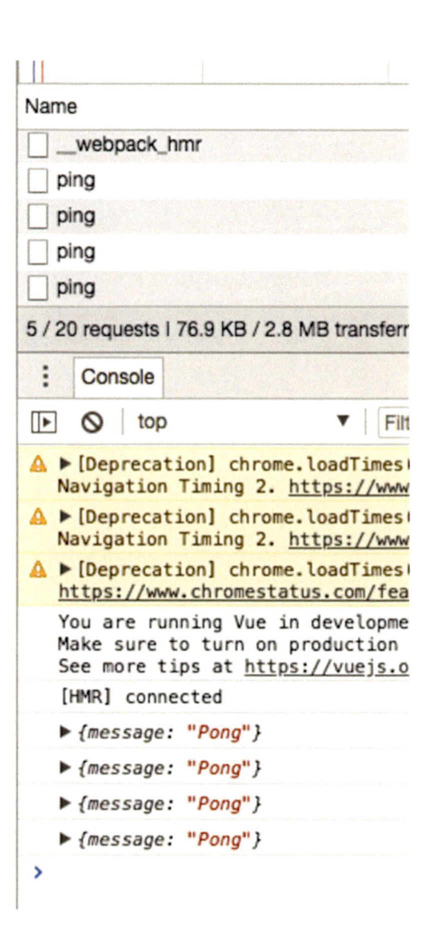

まずは認証なしのシンプルなAPIを呼び出すことができたので、次章ではAPIに認証をつけていきます。

第8章　RailsとKnockによる認証

前章でシンプルなAPIへのアクセスが実現できたので、本章では認証付APIへのアクセスを実装します。Auth0の公開鍵を用いて、発行されたJWTを検証します。

図8.1: 連携図（JWT検証時）

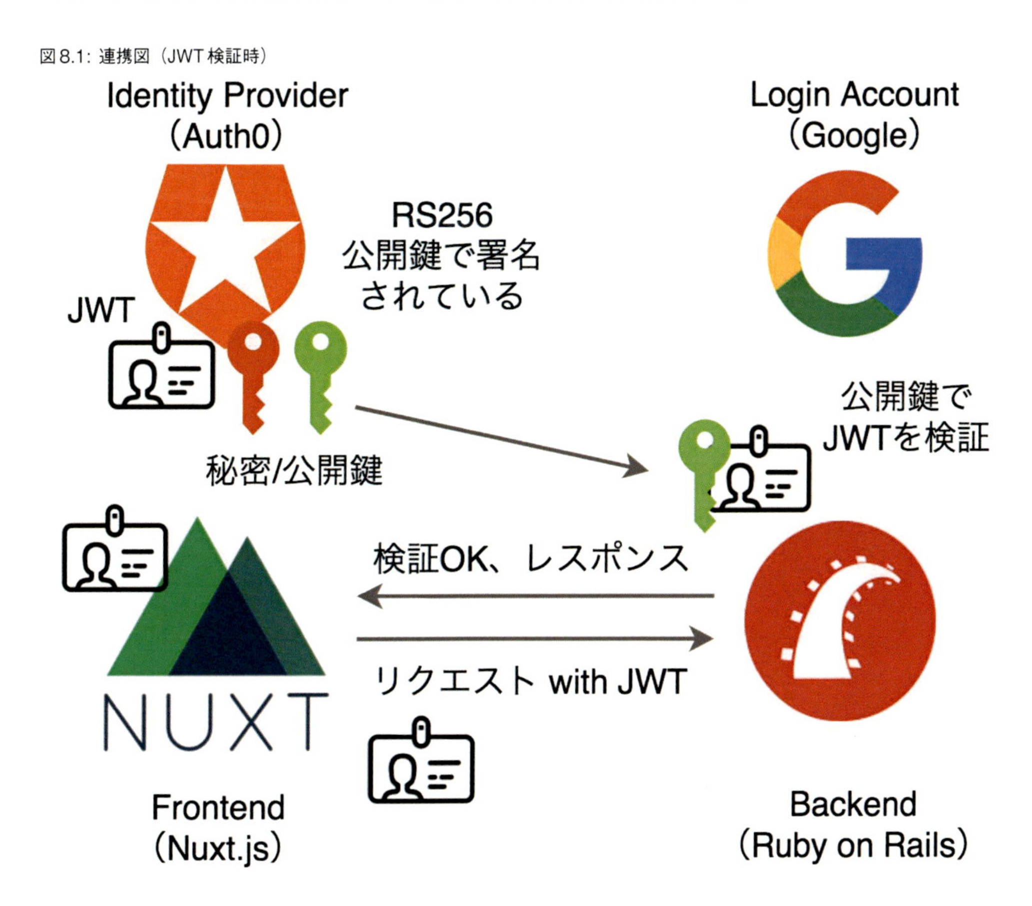

8.1　Knockとは

Railsに認証機構を組み込み場合、DeviseやSorceryが広く使われていますが、JWTを使用した認証を行うには、Knock[1]と呼ばれるライブラリを使用するのがお勧めです。

Knockの特徴としては、軽量、Rails APIに特化、ステートレス（サーバーサイドセッション不使用）が挙げられます。Auth0との相性もよいです。

Knockでは、Deviseと同様、current_userでユーザーモデルにアクセスすることができます。設定項目も少なく、非常にシンプルな構造で分かりやすいですね。Auth0側でトークンの管理をしているので、データベースも非常にスッキリします。

8.2 Knockの導入

まずはGemfileにknockを追加します。設定管理のためにdotenv-railsも追加します。dotenvを導入し、開発環境では.envに環境変数を追加しますので、.envは.gitignoreに追加しておきましょう。

リスト8.1: Gemfileにknockを追加する

```
gem 'knock'
...
group :development, :test do
  ...
  gem 'dotenv-rails', require: 'dotenv/rails-now'
end
```

Gemfileを編集したら、bundle installしておきます。

8.3 鍵設定

コマンドで設定ファイルを生成します。

リスト8.2: knockの設定ファイルを生成

```
$ rails generate knock:install
```

設定ファイルとして/initializers/knock.rbが生成されます。今回はアルゴリズムはRS256、公開鍵はAuth0が公開しているものをサーバー構築時に取得するように設定を書き換えます。設定ファイルのコメントに「If using Auth0, uncomment the line below」という説明が散見されますが、不要な設定もありますので、次の内容を設定してください。

リスト8.3: config/initializers/knock.rb

```
require 'net/http'
```

1.https://github.com/nsarno/knock

```
Knock.setup do |config|
  config.token_signature_algorithm = 'RS256'
  config.token_audience = -> { ENV["AUTH0_CLIENT_ID"]
}

  jwks_raw = Net::HTTP.get URI(ENV['AUTH0_JWKS'])
  jwks_keys = Array(JSON.parse(jwks_raw)['keys'])
  config.token_public_key = OpenSSL::X509::Certificate.new(
    Base64.decode64(jwks_keys[0]['x5c'].first)).public_key
```

検証時にAudienceの値もチェックしたいのですが、Auth0の場合は発行されたJWTのAudienceにはClientIDがセットされるので、ClientIDで検証しています。

プロジェクトルートに.envを作成して、設定内容を記述します。パスは自身のテナント名で置き換えてください。

リスト8.4: .env

```
AUTH0_CLIENT_ID=<YOUR_CLIENT_ID>
AUTH0_JWKS=https://<YOUR_TENANT_NAME>.auth0.com/.well-known/
jwks.json
```

jwks.jsonにアクセスすると、公開鍵の情報が確認できます。

図8.2: .well-known/jwks.json（Chrome + JSON Viewer拡張での表示例）


```
{
  - keys: [
      - {
            alg: "RS256",
            kty: "RSA",
            use: "sig",
          - x5c: [
                "MIIC9zCCAd+gAwIBAgIJHTCNUYC4Cq3NMA0GCSqGSIb3DQEBCwUAMBkxFzAVBgl
            ],
            n: "t1lvmaDQYEhsmdZCzTT6WjjN5cQaTZGZ3AA0p6tBz_LA5yKx02jwESYkvl3UBVQ5c
            e: "AQAB",
            kid: "NTgyMTk1Q0QwRDExQzQyQUNCN0QxM0I5RDYzMTUwNDJBM0YxOTBBMg",
            x5t: "NTgyMTk1Q0QwRDExQzQyQUNCN0QxM0I5RDYzMTUwNDJBM0YxOTBBMg"
        }
    ]
}
```


以上で設定は終了です。Rails側は公開鍵を用いてJWTを検証するだけなので、ほとんど設定が必要ありません。

8.4 ユーザーの作成

Rails側のデータベースで保有するデータ群とユーザーを紐付ける必要があるため、Userモデルの作成が必要になります。Rails側のUserとAuth0側のUserの紐付けができればいいので、「sub」として渡ってくるAuth0のIDを保存するカラムを追加します。

リスト8.5: Userモデルを作成する

```
$ rails generate model User sub:string
$ rails db:migrate
```

app/models/user.rbを修正します。Knockを適用したAPIが呼ばれる、自動でfrom_token_payloadが呼び出されます。payloadの中身は、JWTのpayloadがそのまま代入されています。

検証成功時に、from_token_payloadが呼ばれてuserを取得します。DBに存在しなければuserを作成します。このfrom_token_payloadの返り値が最終的にcurrent_userに代入されます。

リスト8.6: app/models/user.rb

```
class User < ApplicationRecord
  def self.from_token_payload(payload)
    find_by(sub: payload['sub']) || create!(sub: payload['sub'])
  end
end
```

8.5 認証付コントローラーの作成

認証したユーザーのみアクセスできるコントローラーを作成していきます。まずは基底となるApplicationControllerで、Knockの使用を宣言します。

リスト8.7: app/controllers/application_controller.rb

```
class ApplicationController < ActionController::API
  include Knock::Authenticable
end
```

認証ユーザーのみアクセス可能な、SecuredControllerを作成します。今回はユーザー情報を返すようにしてみます。before_action部分を追加すると、認証済みの場合のみアクセス可能なコントローラーとなります。routesも修正しましょう。

リスト8.8: app/controllers/api/v1/secured_controller.rb

```
# frozen_string_literal: true

module Api
  module V1
    class SecuredController < ApplicationController
      before_action :authenticate_user
      def index
        render json: {
            message: "ID: #{current_user.id}, SUB:
#{current_user.sub}"
        }
      end
    end
  end
end
```

リスト8.9: config/routes.rb

```
Rails.application.routes.draw do
  namespace :api do
    namespace :v1 do
      resources :ping
      resources :secured
    end
  end
end
```

この状態で次の2つのAPIへアクセスして、SecuredControllerが保護されているかどうかを確認してみましょう。後者は401エラー（Unauthorized）が返ります。

- http://localhost:3000/api/v1/ping
- http://localhost:3000/api/v1/secured

8.6 認証必須なAPIを直接叩いてみる

フロント側で取得して保存したidTokenを使用して、APIを叩いてみましょう。idTokenはLocalStorageの内容をコピーしましょう。有効期限があるので、一度ログインしなおしてから取得するとよいでしょう。

リスト8.10: idTokenを使用してSecuredにリクエストを送る

```
curl -H "Authorization: Bearer <YOUR_ID_TOKEN>" \
```

```
http://localhost:3000/api/v1/secured
```

次ののような結果が得られたら成功です。データベースを覗いたり、rails consoleを使ってユーザーが作成できているか確認してみてください。

リスト8.11: Securedにリクエストした結果

```
{ "message": "ID: 1, SUB: google-oauth2|XXXXXXXXXXXXXXXXXXXXXX" }
```

リスト8.12: rails consoleで確認した結果

```
$ rails console
Running via Spring preloader in process 19776
Loading development environment (Rails 5.2.0)

irb(main):001:0> User.last.sub
=> "google-oauth2|XXXXXXXXXXXXXXXXXXXXXX"
```

XXXXの部分が一致していれば、ユーザーが作成できています。

8.7 NuxtからAPIを呼び出す

手作業で動作確認ができたので、フロント側の処理を書き換えていきましょう。取得したトークンを使えるようにしたいので、frontend/plugins/auth0.js に、LocalStorageからキーを取得する関数を実装しておきます。

リスト8.13: frontend/plugins/auth0.js

```
class Auth0Util {
  ...
  getIdToken() {
    return this.isAuthenticated() ?
localStorage.getItem('idToken') : null
  }
}
```

index.vueを修正して、Securedボタンを配置します。

リスト8.14: frontend/pages/index.vue <template>

```
...
      <button class="button is-primary"
@click="ping">Ping</button>
      <button class="button is-danger"
```

```
@click="secured">Secured</button>
    </div>
  </section>
</template>
```

リスト8.15: frontend/pages/index.vue <script>

```
<script>
methods: {
  ...
  async secured() {
    const ret = await this.$axios.$get('/api/v1/secured',
      { headers: { Authorization: 'Bearer ' +
this.$auth0.getIdToken() }})
    console.log(ret)
  }
}
</script>
```

本来は局所的にヘッダを設定すべきではないのですが、とりあえず動かすにはこれでよいでしょう。ログインして、Securedボタンをクリックしてみましょう。コンソールログに結果が吐き出されるはずです。

図8.3: フロントエンドからSecured APIを実行する

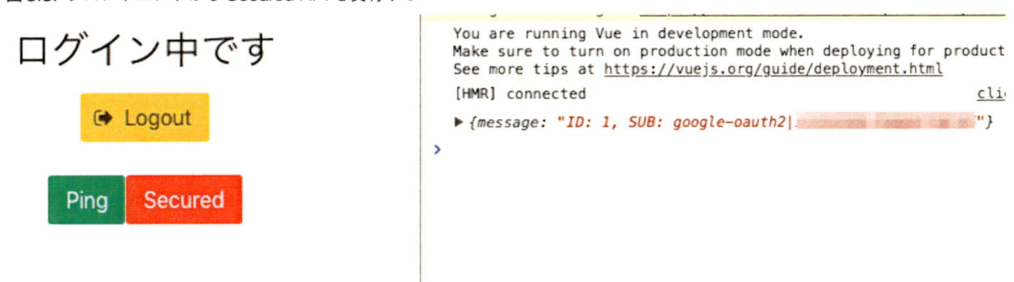

これでフロントエンドでの認証処理から認証付きAPIのリクエストまでの流れを実装できました。

第9章　プロダクションビルドとデプロイ

前章までに実装してきたアプリを、Herokuで動かしてみましょう。

9.1　データベースの切り替え

HerokuではSQLite3が使用できないので、Railsのプロダクション環境ではPostgreSQLを使用します。まずは、ローカルでbundle installが通るように、PostgreSQLを導入しておきます。

リスト9.1: PostgreSQLをインストールする

```
$ brew install postgresql
```

その後、環境ごとにDBを切り替えるようにGemfileを修正します。

リスト9.2: Gemfile

```
# gem 'sqlite3' # コメントアウトする

group :development, :test do
  gem 'sqlite3'
end
group :production do
  gem 'pg'
end
```

bundle installして成功することを確認してください。本来であれば、開発環境もプロダクション環境も同じDBを使用するべきですが、今回はこの状態で解説を進めます。

9.2　プロダクションビルド

HerokuはGitの利用を前提としています。作業に入る前に現在までの修正内容をコミットしておきましょう。また、Herokuの登録とCLIのインストールがまだの場合は、すませておきましょう。

リスト9.3: Heroku CLIのインストールとログイン

```
$ brew install heroku
$ heroku login
Email: hoge@hoge.com
Password: ***************
Logged in as hoge@hoge.com
```

アプリを作成します。引数でユニークな名称をつけてもよいですが、付けない場合はランダムな名称が自動生成されます。

リスト9.4: Heroku アプリの作成

```
$ heroku create
Creating app... done, stark-meadow-91243
https://stark-meadow-91243.herokuapp.com/
```

Herokuのリポジトリへpushします。pushと同時にデプロイが走ります。

リスト9.5: Herokuへのデプロイ

```
$ git push heroku master
...
remote: Compressing source files... done.
remote: Building source:
remote:
remote: -----> Ruby app detected
remote: -----> Compiling Ruby/Rails
remote: -----> Using Ruby version: ruby-2.5.1
...
remote: -----> Launching...
...
remote: Verifying deploy... done.
 * [new branch]      master -> master
```

deploy doneと表示されますが、この状態では正常にアプリは起動しません。次の環境変数を追加設定し、DBを初期化します。

リスト9.6: 環境変数の設定

```
$ heroku config:set \
    AUTH0_CLIENT_ID=<YOUR_CLIENT_ID> \
    AUTH0_JWKS=https://<YOUR_TENANT_NAME>.auth0.com/.well-known/
jwks.json
```

リスト9.7: DBの初期化

```
$ heroku run rails db:migrate
```

環境変数はHerokuのダッシュボードから設定してもかまいません。

図9.1: Heroku Config Vars

Config Vars　　Hide Config Vars

AUTH0_CLIENT_ID	
AUTH0_JWKS	https://.auth0.com/.well-kn

これに加えて、Nuxt側のビルドが必要になります。Nuxtをビルドするためには、プロジェクトルートにpackage.jsonを作ります。frontend直下ではなく、プロジェクトのルートです。postinstallでyarn buildを実行します。NodeとYarnがデフォルトで゛は導入されていないので゛、buildpacksへの追加が必要になります。RailsでWebpacker Gemを使用している場合はHerokuが検知してYarnを自動でインストールしてくれますが、今回は単純なAPIサーバーなので゛、自分でコントロールする必要があります。少し面倒ですね。

リスト9.8: package.json

```
{
  "engines": {
    "node": "8.9.4",
    "yarn": "1.6.0"
  },
  "scripts": {
    "postinstall": "cd frontend && yarn install && yarn build"
  }
}
```

リスト9.9: buildpackの追加と再デプロイ

```
$ heroku buildpacks:add --index 1 heroku/nodejs
Buildpack added. Next release on stark-meadow-91243 will use:
  1. heroku/nodejs
  2. heroku/ruby

$ git add -A
$ git commit
```

```
$ git push heroku master
...
remote: > cd frontend && yarn install && yarn build
remote: yarn install v1.6.0
...
remote: Verifying deploy... done.
```

ログでyarn buildが実行されていることが確認できるはずです。実際にデプロイ先のURLを開いてみましょう。ログイン画面が表示されたでしょうか？Pingボタンを押してエラーが返らないか確認してください。

9.3 Auth0のセキュリティ設定

現在の状態でログインしようとしても、Callback Mismatchエラーでログインできません。

図9.2: Callback Mismatch

Callback URL mismatch.

The URL **"https://stark-meadow-91243.herokuapp.com/callback"** is not in the list of allowed callback URLs.

Auth0のダッシュボードにて、HerokuアプリのURLを許可する必要があります。ポート3000と3333番を許可している部分へ、HerokuのアプリのURLを同様に追加して保存してください。

図 9.3: Callback と Web Origins の設定

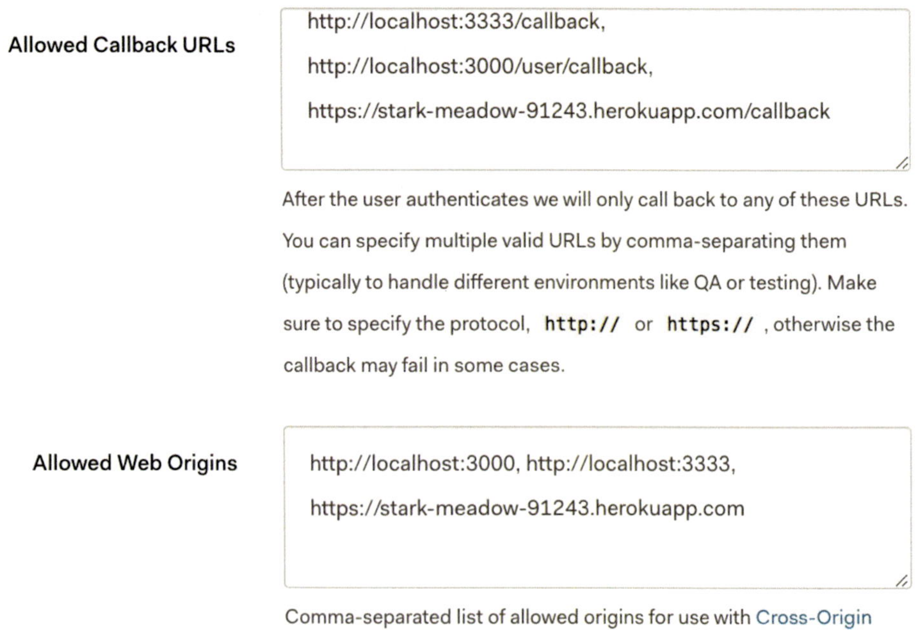

Allowed Callback URLs
http://localhost:3333/callback,
http://localhost:3000/user/callback,
https://stark-meadow-91243.herokuapp.com/callback
After the user authenticates we will only call back to any of these URLs. You can specify multiple valid URLs by comma-separating them (typically to handle different environments like QA or testing). Make sure to specify the protocol, http:// or https:// , otherwise the callback may fail in some cases.
Allowed Web Origins
http://localhost:3000, http://localhost:3333,
https://stark-meadow-91243.herokuapp.com
Comma-separated list of allowed origins for use with Cross-Origin

これでログインができるはずです。ログイン後、Securedボタンが正しく動作するか確認してみましょう。

9.4　ソーシャルアカウントのAPIキー設定

Auth0の章でも説明しましたが、デフォルトの状態ではGoogleやGitHubとの連携は「Try」状態になっており、Auth0がもつ開発用のキーを使用しています。正式使用するためには、各ソーシャルアカウントの開発者向け管理画面からキーを取得して設定してください。

図 9.4: 正式なキーを設定する

Google / Gmail
Settings
Applications
Name
google-oauth2
Client ID
How to obtain a Client ID?
Leave blank to use Auth0 dev keys

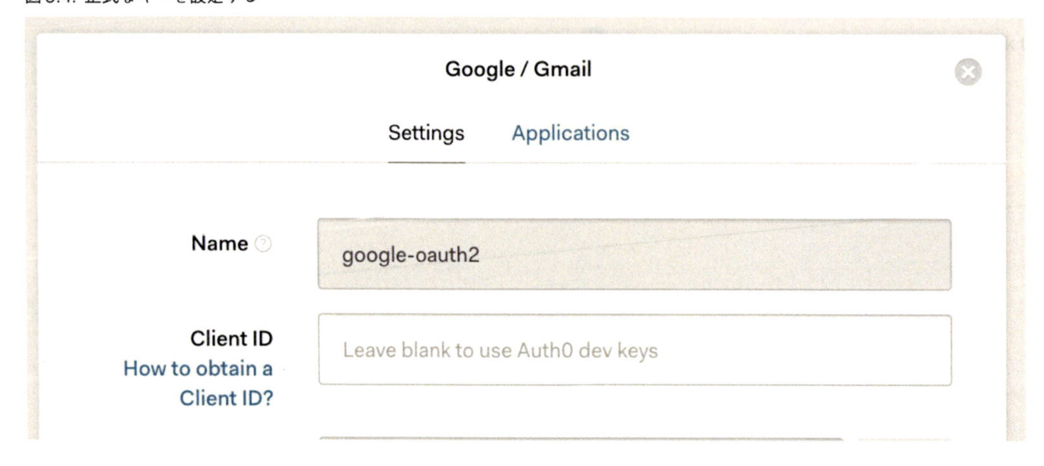

第10章　設定のカスタマイズ

最後にAuth0の設定のカスタマイズ周りを紹介します。

10.1　複数のソーシャルアカウントログインを許可する

複数のソーシャルアカウント対応ですが、何も考えずにトグルボタンを有効にするだけで完了します。フリープランで使用できるソーシャルアカウントの数の上限は2つです。正式運用する場合はアクセスキーを取得してください。

図10.1: 複数のソーシャルアカウントを使う

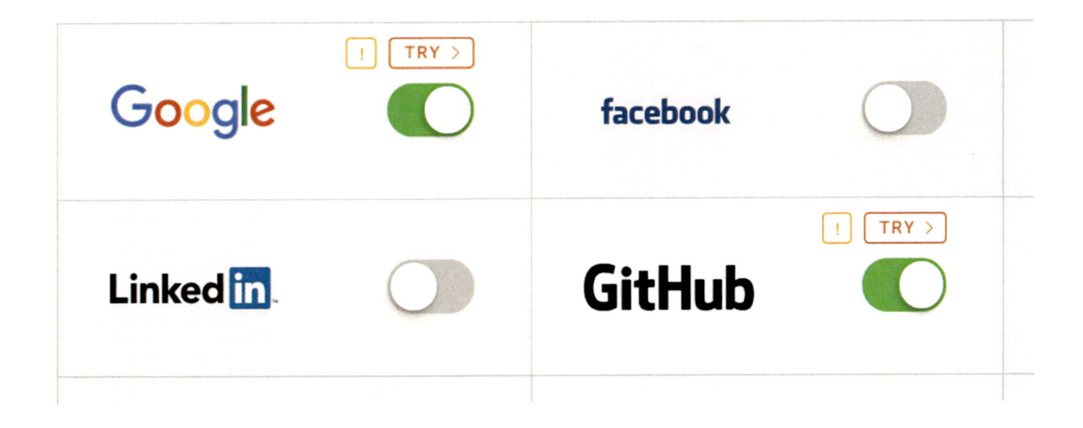

subクレームのprefixに、それぞれのソーシャルアカウントを判別できる情報が付与されます。Googleを使った場合はgoogle-oauth2|XXXXXX、GitHubでログインした場合github|XXXXXXのようなIDになります。

10.2　パスワードログインを無効化する

ソーシャルログインのみ使用する場合は、各ApplicationsのConnectionsからID・パスワードログインを無効にできます。

図 10.2: ID パスワードログインを無効にする

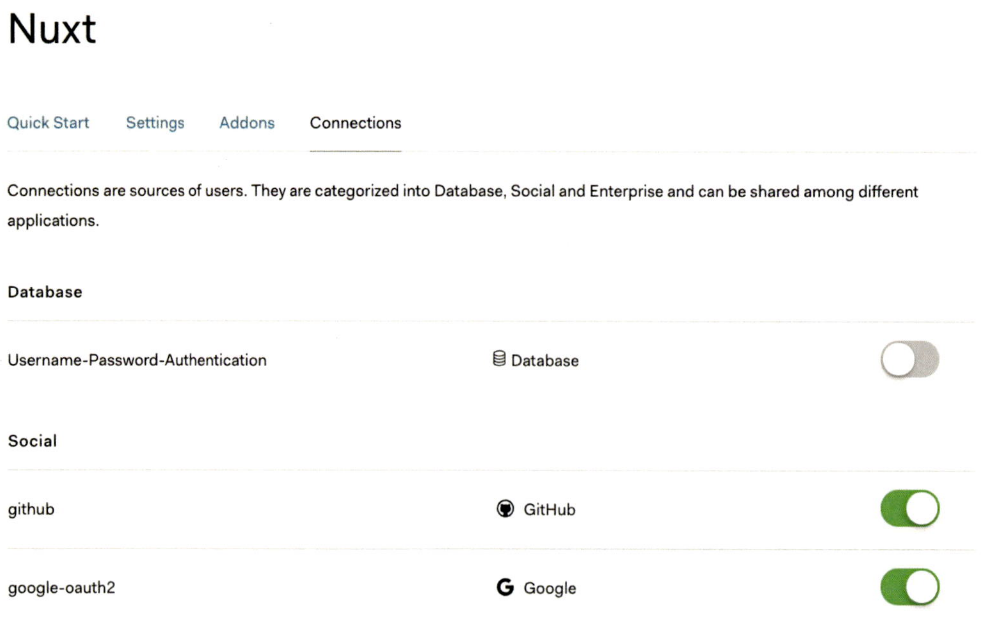

Nuxt

Quick Start　Settings　Addons　Connections

Connections are sources of users. They are categorized into Database, Social and Enterprise and can be shared among different applications.

Database

Username-Password-Authentication　Database

Social

github　GitHub

google-oauth2　Google

非常にシンプルなログイン画面になりました。

図 10.3: Google と GitHub ログインのみのログインフォーム

10.3 メールアドレスでログイン制限をかける

デフォルトでは誰でもログインできる状態になっていますので、メールアドレスで制限をかけてみましょう。

Auth0のダッシュボードから、Rules > CREATE RULEにて、「Whitelist」Templateを選択します。ここで、JavaScriptベースでルールの定義ができます。次のコードは公式のTemplateです。

リスト 10.1: Whitelist Rule

```
function (user, context, callback) {
  //authorized users
  var whitelist = [ 'YOUR_EMAIL_ADDRESS' ]; // 修正
  var userHasAccess = whitelist.some(
    function (email) {
      return email === user.email;
    });

  if (!userHasAccess) {
```

```
    return callback(new UnauthorizedError('Access denied.'));
  }

  callback(null, user, context);
}
```

指定したアドレスのみログイン可能になり、指定していないアドレスはログインに失敗します。複数のログインアカウントを持っている場合は試してください。ログインに失敗した場合は、error=unauthorized付きでcallbackページにリダイレクトされます。JavaScriptでルールを記述できるので、正規表現で特定ドメインのみを許可するということも可能です。

10.4 名寄せを実現する

GoogleとGithubのアカウントを使用して、名寄せを実現してみましょう。名寄せを有効にしていない場合は、図のように別々のユーザーとして認識されます。

図10.4: 名寄せを有効にしていない場合は別々のユーザー扱い

	Name	Email	Latest Login	# of Logins	Connection	
	Takahiro Tsuchiya	takahiro.tsuchiya.coroc...	3 minutes ago	1	github	
	Takahiro Tsuchiya	takahiro.tsuchiya.coroc...	7 minutes ago	1	google-oauth2	

名寄せのルールを追加してみましょう。Rule > CREATE RULE > テンプレート「Link Accounts With Same Email Address」を選択 > SAVE します。テンプレートの内容を書き換える必要はありません。テンプレートのタイトルのとおり、同じメールアドレスを同一アカウントとみなして名寄せを実現します。

メールアドレスを使用するため、各ソーシャルアカウントからメールアドレスを取得できるようにしておく必要があります。Googleはデフォルトで取得されますが、GitHubはデフォルトでは取得されませんので、有効にしましょう。

Connections > Social > GitHub > Attributes「Email Address」をチェックし、SAVEします。

図10.5: GitHubの設定でメールアドレスの取得を有効に

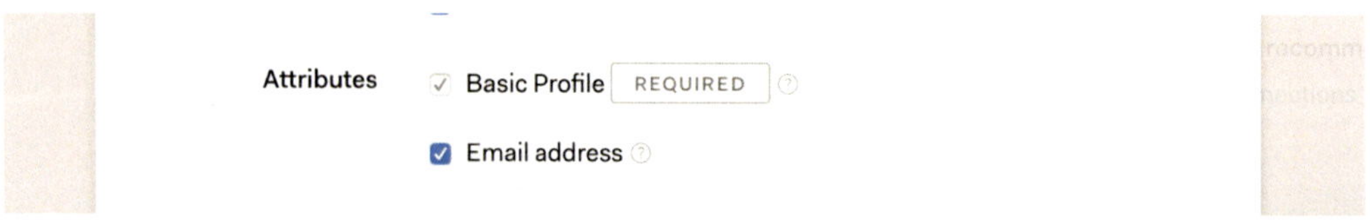

事前準備ができたので、早速ログインして試してみましょう。

まずはGoogleアカウントでログインし、その後いったんログアウトして、同一メールアドレスのGitHubアカウントでログインしてみましょう。アプリのログイン画面を見ても何が起こったか分かりにくいので、ダッシュボードのUsersで確認していきます。さきほどログインしたユーザーの詳細を開いてみましょう。

プライマリアカウントとしてGoogleが設定され、関連アカウントとしてGitHubが設定されていることが分かります。

図10.6: Primary and Associated Account

PRIMARY IDENTITY PROVIDER	COUNTRY	LATES
Google	Japan	6 minut
ACCOUNTS ASSOCIATED	BROWSER	
GitHub ,	Chrome 67.0.3396 / Mac OS X 10.13.5	

また、少しページを下にスクロールして「Identity Provider Attributes」のidentitiesを確認してみると、複数プロバイダを配列で保持していることが分かります。

図10.7: identities

identities

```
1  [
2    {
3      "provider": "google-oauth2",
4      "user_id": "113324381784049738745",
5      "connection": "google-oauth2",
6      "isSocial": true
7    },
8    {
9      "profileData": {⇔},
56     "provider": "github",
57     "user_id": 41497847,
58     "connection": "github",
59     "isSocial": true
60   }
61 ]
```

今回はGoogle > GitHubの順番でログインを試しましたが、GitHub > Googleの順でログインするとGitHubがプライマリアカウントになります。このあたりの挙動はある程度Ruleでコントロール可能です。

このようにAuth0では、テンプレートのルールを追加するだけで簡単に名寄せを実現できます。より詳しく知りたい場合は https://auth0.com/docs/link-accounts を参照してください。

10.5 トークンを更新する

ユーザーの使い勝手を考慮すると、トークンの有効期限を越えてしまった場合に、再ログインを強要するのはよくありません。

リフレッシュトークンが存在する場合、リフレッシュトークンを用いてアクセストークンやIDトークンを再発行できます。しかし本書で実装したのはいわゆるImplicit Flowですので、セキュリティ上の観点からリフレッシュトークンは発行されません。ではどのようにして新しいトークンに更新するのでしょうか？

実は、Auth0を利用してログインした場合、Auth0を組み込んだアプリケーションとAuth0との間でセッションが作成されています。セッション状況を確認するためには、Lock v11を使用した場合は、checkSessionを使用します。詳しくは次のURLを参照してください。

・https://auth0.com/docs/guides/migration-legacy-flows#renewing-tokens

・https://github.com/auth0/lock#checksessionoptions-callback

auth0.jsのlock.show()をサンプルのように書き換えてみると、新しいtokenが取得できることが確認できます。ただしこれを行うためには、正式なアクセスキーを使うように設定しなければいけません。

リスト10.2: frontend/plugins/auth0.js

```
// lock.show()
lock.checkSession({}, function (error, authResult) {
  if (error || !authResult) {
    lock.show()
  } else {
    console.log(authResult)
    lock.getUserInfo(authResult.accessToken, function (error,
profile) {
      console.log(error, profile)
    })
  }
})
```

Auth0とのセッション情報を用いて、トークンの更新を行っています。セッションを終了するには、lock.logout()を実行してください。

おわりに

認証の基礎を学ぶところからはじまり、Auth0を使った認証付きのアプリケーション開発、そしてAuth0のカスタマイズ性の高さを体験していただきましたが、いかがでしたでしょうか。

本書は技術書典4で「Auth0でつくる認証付きSPA」というタイトルで頒布した同人誌がベースになっています。同人誌版では説明が足りなかった部分などを、時間の許す限りで加筆修正しました。大幅な加筆により、内容はほぼ倍になっています。

同人誌版を執筆するにあたり、沢山の方のお世話になりました。簡単ではありますが、お礼を述べさせてください。表紙の制作を快く引き受けてくださった @kokushin 氏。レビュー・販売を手伝ってくださった @count0 氏。同人誌を執筆するきっかけを与えてくださった職場の同僚のみなさん。同人活動がはじめての私に執筆に関する多大なる知見を頂いた「ワンストップ！技術同人誌を書こう」著者の皆様。技術書典スタッフの皆様。この活動を耳にして応援してくださり、忙しい中、レビュー依頼を快諾していただいたAuth0 古田秀哉氏。本当にありがとうございました。

感想などありましたら @corocn までメンションを送っていただければ幸いです。最後まで読んでいただきありがとうございました。

2018年6月 土屋 貴裕

著者紹介

土屋 貴裕（つちや たかひろ）

情報系の大学で音声認識を専攻し、大学院卒業後は大手自動車部品メーカーにてカーナビゲーションシステムの音声認識機能の開発に携わる。その後Web系SIerにて、小規模Webシステムの開発でフロントエンド、バックエンド、インフラまで1人で担当。2017年からはクラウド請求書のWebサービスの開発に携わっている。フロントエンドからインフラまで幅広く興味があるが、最近は基盤環境を改善したり、エンジニアリングを下支えするような技術が好き。
2018/04に開催された技術書典4で頒布された本書の底本「Auth0でつくる！認証付きSPA」の功績が認められ、Auth0 Ambassadors of the MonthのApril 2018 Winnersを受賞する。

◎本書スタッフ
アートディレクター/装丁：岡田章志＋GY
編集協力：飯嶋玲子
デジタル編集：栗原 翔

〈表紙イラスト〉
高野 佑里（たかの ゆり）
嵐のごとくやって来た爆裂カンフーガール。本業はGraphicとWebのデザイナー。クライアントと一緒に作っていくイラスト、デザインが得意。FirebaseやNetlifyなど人様のwebサービスを勝手に擬人化しがち。Twitter：@mazenda_mojya

技術の泉シリーズ・刊行によせて

技術者の知見のアウトプットである技術同人誌は、急速に認知度を高めています。インプレスR&Dは国内最大級の即売会「技術書典」（https://techbookfest.org/）で頒布された技術同人誌を底本とした商業書籍を2016年より刊行し、これらを中心とした『技術書典シリーズ』を展開してきました。2019年4月、より幅広い技術同人誌を対象とし、最新の知見を発信するために『技術の泉シリーズ』へリニューアルしました。今後は「技術書典」をはじめとした各種即売会や、勉強会・LT会などで頒布された技術同人誌を底本とした商業書籍を刊行し、技術同人誌の普及と発展に貢献することを目指します。エンジニアの"知の結晶"である技術同人誌の世界に、より多くの方が触れていただくきっかけになれば幸いです。

株式会社インプレスR&D
技術の泉シリーズ　編集長　山城 敬

●お断り
掲載したURLは2018年7月1日現在のものです。サイトの都合で変更されることがあります。また、電子版ではURLにハイパーリンクを設定していますが、端末やビューアー、リンク先のファイルタイプによっては表示されないことがあります。あらかじめご了承ください。
●本書の内容についてのお問い合わせ先
株式会社インプレスR&D　メール窓口
np-info@impress.co.jp
件名に「『本書名』問い合わせ係」と明記してお送りください。
電話やFAX、郵便でのご質問にはお答えできません。返信までには、しばらくお時間をいただく場合があります。なお、本書の範囲を超えるご質問にはお答えしかねますので、あらかじめご了承ください。
また、本書の内容についてはNextPublishingオフィシャルWebサイトにて情報を公開しております。
https://nextpublishing.jp/

●落丁・乱丁本はお手数ですが、インプレスカスタマーセンターまでお送りください。送料弊社負担にてお取り替えさせていただきます。但し、古書店で購入されたものについてはお取り替えできません。
■読者の窓口
インプレスカスタマーセンター
〒 101-0051
東京都千代田区神田神保町一丁目 105番地
TEL 03-6837-5016／FAX 03-6837-5023
info@impress.co.jp
■書店／販売店のご注文窓口
株式会社インプレス受注センター
TEL 048-449-8040／FAX 048-449-8041

技術の泉シリーズ

「Auth0」で作る！認証付きシングルページアプリケーション

2018年8月31日　初版発行Ver.1.0（PDF版）
2019年4月12日　Ver.1.1

著　者　土屋 貴裕
編集人　山城 敬
発行人　井芹 昌信
発　行　株式会社インプレスR&D
〒101-0051
東京都千代田区神田神保町一丁目105番地
https://nextpublishing.jp/
発　売　株式会社インプレス
〒101-0051　東京都千代田区神田神保町一丁目105番地

印刷・製本　京葉流通倉庫株式会社
Printed in Japan

ISBN978-4-8443-9841-7

NextPublishing®
●本書はNextPublishingメソッドによって発行されています。
NextPublishingメソッドは株式会社インプレスR&Dが開発した、電子書籍と印刷書籍を同時発行できるデジタルファースト型の新出版方式です。 https://nextpublishing.jp/